地宝論

chihoron

地球を救う地域の知恵

田中優

子どもの未来社

まえがき

活動すること

福島第一原発の震災事故があり、そこからぼく自身がとても忙しい身の上になってしまいました。環境活動に入ったきっかけがチェルノブイリ原発事故でしたから、25年間もずっと気にし続けていたので、いやでも原子力発電の問題には詳しかったのです。だから講演を依頼されるのもなりゆきなのかもしれません。地震のニュースが流れるたびに、毎回毎回あの原発は大丈夫だろうかとやきもきしていたのです。なぜなら原発の耐えられる瞬間的な揺れの加速度「ガル」で見ると、阪神淡路大震災のときの揺れに耐えられる原発は、日本にひとつもないからです。こうして講演を続けてきて、次第に自分自身の特殊な立場に気がつき始めました。

福島の篤農家の方の悲しい話がありました。その人は無農薬・有機栽培でキャベツを育てていたそうです。安全なキャベツを作り、近くの小学校の子どもたちに食べさせたくて、毎回届けるのを楽しみにしていたそうです。しかしその畑が放射能によって汚染されてしまった。見た目に変化はなく、見事に育ったキャベツは出荷停止になりました。「もう終わりだ」とつぶやいていたのち、彼は自宅で首を吊って自殺してしまったのです。

ぼくはどうしてあげたらよかったのか、ずっと考えていました。汚染された食品を政府の決めたような甘い基準で販売したら、多くの人が内部被曝してしまいます。しかし厳しい基準を設けてその被害を周りの人たちが共有しなかったら、福島地域の生産者の人たちだけが被害を押しつけられることになってしまいます。どうしたらいいのだろうかと。チェルノブイリ原発事故の後、キログラムあたり370ベクレルという輸入食品の放射能汚染基準に、シイタケがよく引っ掛かっていたことを思い出しました。調べてみると、放射能をよく集めてくれる作物がありました。「NPOチェルノブイリ救援・中部」がチェルノブイリ現地でナタネを育てていたのです。ナタネやヒマワリは効率よく土地の放射能を集めてくれるのです。種から油を絞ってバイオディーゼル燃料に使い、バイオガスにして煮炊きに使い、その後の搾りかすだけを放射性物質として管理保管していました。

この仕組みを進めれば、土壌はいずれ回復していくことができます。ぼくはこれを進めるべきだと思うのです。でも批判はたくさんあります。「耕作する人が被曝してしまうじゃないか」「安全に管理できるのか」「本当に立証されているのか」といったものです。それらがクリアーできなかったとしたら、この人たちはあきらめるのだろうかと考えました。そのときに気づいたのです。ぼくは活動家なんだ、と。

問題のあることはわかっています。でも汚染された土壌に自ら残って、命がけで浄化しようとする人を禁止すべきでしょうか。立証データがなければしてはいけないでしょうか。問題があるからあきらめるべきでしょうか。違いますよね、解決しながら進めるべきなのです。ぼくは学者ではありません。専門家でもありません。ぼくは普通の市民であり「活動家」なのです。目の前に困っている人がいたとしたら、一緒に考えて活動して彼のために働くのです。それを非難や評論にもめげずに続けるだけなのだな、と思うんです。社会を変えるのは学者や評論家ではありません。小さな市民のたった一歩の活動だと思うのです。

一歩下がって見てみよう

私たちの寿命って短いですね。わずか１００年足らずです。そのせいか50年以上前のことを覚えている人は多くありません。ぼく自身も覚えていません。その分を歴史で補ってみると、意外な結果が出てきます。

「農薬なしに農業はできない」とよく言われますが、日本で本格的に農薬が使われ出したのは戦後10年ほど経ってからでした。それまでは農薬がないのに作物は今よりずっと多く作られていました。

「日本は国土が狭くて自給できない」とも言われますが、1960年時点ではカロリーベースで8割、穀物や主食用穀物は9割自給されていました。

「国産だったらスギ・ヒノキで家を建てるのが当たり前」と人々は思っていますが、戦後の拡大造林までは、一部の地域を除いてスギ・ヒノキは植えられていませんでした。しかも育つのに50年、100年かかりますから、建築材として使えるようになったのはごく最近のことなのです。したがって「日本の植林技術は昔からある」というのも、国内にスギ・ヒノキのあった一部地域だけの話です。ついでに木材会社の友人に聞いてみました。「これまでは一体何を使って家を建ててたの?」と。

彼の答えは意外なものでした。「この地域では栗・ケヤキ・ブナとかを使って建てたなぁ、スギなんかなかったし」。

ちなみに現在、TPP（環太平洋戦略的経済連携協定）が強引に進められようとしていますが、その中で前原誠司外相（当時）が、「日本のGDP（国内総生産）のうち、農業など第一次産業は1・5％。1・5％を守るために98・5％が犠牲になっている」と発言しました。この論理も奇妙です。「日本の輸出依存度は約11・5％、そのうち家電や自動車などの耐久消費財が、日本の『輸出全体』に占める割合は、わずかに14％（いずれも2009年）だ。トータルではわずか1・652％ということになる」（三橋貴明氏、日経ビジネスオンライン2011／2／21号）そうです。「日本のGDPのうち、家電や自動車などの耐久消費財は1・6％。1・6％を守るために大切な国産の食料が犠牲になる」のです。

日本は貿易で成り立っていると言われますが、GDPのわずか14％ですし、さらに1960年の時点は、2005年の45分の1（円ベースで）しか貿易されていませんでした。日本は「貿易立国」ではないのです。しかも人と会話するためにはベースを合わせなければならないので、どうしても奇抜と思われてしまうような前提を除いて話さなければなりません。そのため最小公倍数で話をします。その結果、私たちは目の前の現実を「今」という時点から、最小公倍数で話すことになるのです。

でも先に述べたように怪しい常識はたくさんあります。それを超えて本当のことを知るにはコツが必要です。それが「一歩下がって見る」ことです。たとえば対立して見える事柄でも、両者とも同じ目標をめざしていて、両者はそのルートの違いであったりします。それなら対立までしなくても、互いに認め合って路線の違いを確認すればいいのにと思うのです。同じように今の時点で不可能に見えることでも、時点をずらせば可能になることもあります。たとえば食料や木材の自給であったり、エネルギーの自給もそうです。その時差を埋めたければ、埋める方法を考えればいい。たとえば「金融」です。金融は時点が異なるときに役立ちます。「今は儲からないけど将来は儲かる」「今多額の資金が必要だが、将来トータルの支出は下げられる」のなら、金融手法でつなげてしまえばいいからです。

「どちらにしても儲からない」ものもあるでしょうし、そもそもおカネで価値を測るのに適さないものもあるでしょう。そのときは価値を共有するみんなで保全するコモンズ（共有物）ファンドを作ってはどうでしょうか。

ぼくはこの世にムダなものはないと考えています。モノが単独で存在できない以上、なんらかのつながりと相互作用の中に存在するからです。たとえば森と沿岸の漁場とは密接に関係しています。「魚つき林」として今は有名ですが、気づかれていなかったからこそ日本中の海岸線は壊され、森とのつながりが絶たれてしまったのでしょう。しかし昔から経験的に気づいていた人たちもいます。地域で漁をする現場の人たちです。中には見事に因果関係を説明してくれる人もいます。これが「知恵」だと思うのです。

知識は学歴でカバーできますが、知恵は難しい。地域の知恵から見直してみることが必要ではないでしょうか。これから日本で生きるための基本キーワードは「知恵」と、可能な限りの「地産地消」だと思います。よく言われるのは食べものについてですが、お金やエネルギーにおいても同じことです。自活、自立できるような仕組みができれば、現代社会が抱える大きな問題のいくつかは、案外無理なく解決できると思うのです。

田中　優

目次

2章 自然をどうする？

1章

食料は
どうなる?
どうする?

1章……………1

グローバリゼーションっておかしい！

残念ながら日本の食料の自給率はどんどん下がっています。自給率は通常、食料に含まれるカロリーを基準にして計算します。それでいうと2009年で40％ですから、約6割が輸入食料。私たちの体は食べものでできていますから、つまり私たちの体の6割が〝外国人〟という状態になっています。なぜそうなるのでしょうか。その大きな理由は、日本で作ると人件費が高いから安く売れないこと。だから、安く作れる国で作って、それを輸入するわけです。日本は食料を作るより、自分の得意な自動車などを輸出して利益を得ることで食べていけばいいと、産業界は言ったりしています。しかし、地球規模に拡大しようとする〝グローバリゼーション〟というもの自体がトリックなんです。

例えば、神戸から東京まで荷物を運んだ場合の運賃と、シンガポールから東京まで荷物を運んだ場合の運賃は、どっちが安いと思いますか? 答えはシンガポールです。遠い外国から運んだ方が安いんです。なぜ遠いのに安く上がるか、ほとんどの人が知らないと思いますが、実は、国境線を越える燃料(ジェット機の場合はケロシンという灯油に近い燃料、船の重油も同じです)には税金がかからないんです。燃料はコストの中で大きな比重を占めますから、日本国内で作ったものを燃料代と税金を払って運ぶより、人件費の安い中国で作らせて、税金のかからない燃料で東京に運んだ方が安くなってしまうんです。その結果、中国で作られたものを輸入した方が儲かる仕組みになってしまいました。

みなさんも経験があるかもしれません。国内線の飛行機に乗って東京―福岡間を往復すると、正規の運賃だと往復で7万円弱かかります。ところが成田―カリフォルニアを往復する場合、時期によりますが2万9800円で行けることもあります。福岡に来るより、地球を半分も回る方がなぜ運賃が安いんだろうかと思いませんか？　こうした税金の仕組みで、経済のグローバリゼーションが成り立っています。もし、飛行機の国際航路に国内と同じように税金をかけてしまったら、その日のうちに経済のグローバリゼーションはなくなってしまいます。今の経済学者は経済のグローバリゼーションは合理的だと言いますが、これは税金が作ったトリックなんです。

・・・・・

私たちが地球温暖化の防止をしようと思ったときに一番簡単で効果的な方法は、普段、車に乗らないこと。往復8キロの道のりであれば、1800グラムの二酸化炭素が削減できます。しかし、もっと減るものがあります。たとえばブルーベリーです。ブルーベリーは国内でも収穫できますが、現在、そのほとんどがアメリカからの輸入です。しかも空輸されてきます。たった200グラムのブルーベリーを国内産に替えるだけで、2800グラムの二酸化炭素が減るんです。*　イチゴもそうですよ。ケーキの中に入っているイチゴは薬臭くておいしくないですよね。あれは海

＊「大地を守る会」フードマイレージ・キャンペーンのウェブサイト参照。http://www.food-mileage.com/

外から飛行機で運んでくるんです。それを自分が住んでいる地域で取れるイチゴに替えたとします。10粒を１００グラムだとして、削減できる二酸化炭素は１３００グラムです。13倍の重さの二酸化炭素が減るんです。

たくさんの飛行機が国境線を越えて二酸化炭素を出す。この分は京都議定書の規制を受けていないんです。あくまでも京都議定書のＣＯ２の排出規制は、それぞれの国ごとの約束です。国と国の間を飛び回るＣＯ２はどこの国にも帰属しないので、規制されないのです。そのために現在もどんどん増えています。でも、これを止めないと何の解決にもなりません。そのための「国際炭素税」が考えられていますが、それが実現するまでは野放しなんです。

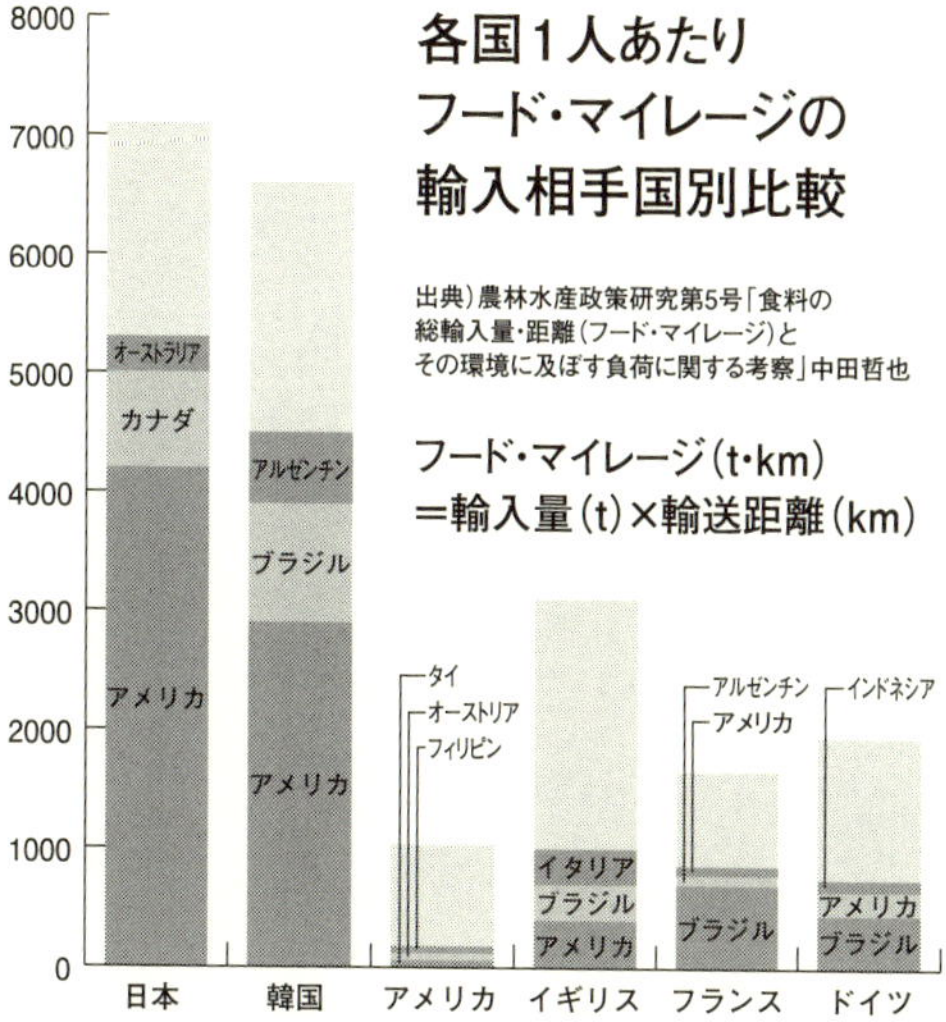

出所）全国地球温暖化防止活動推進センターウェブサイト（http://www.jccca.org/）より

しかも日本は食料自給率が低いので、食べものを運んでくるときに出すCO2の量が、ほかの国と比べてずば抜けて大きいんです。フードマイレージって聞いたことあるでしょう。食料を運ぶために排出される二酸化炭素量を、マイレージで表現したものです。日本はこんな風に、海外の食料をどんどん輸入するのは止めるべきです。

1章……………2

日本の農業は効率が悪い？

アメリカの輸出のからくり

海外の大規模集約型の農業は効率がよくて、日本の小規模の農業は効率が悪い――これはまったくの嘘です。左の図を見てください。これはアメリカの小麦の生産価格と輸出価格の対比です。作物の生産コストと、それを輸出するときの価格の差です。本来であれば、生産価格に仕入れの中間コスト、輸送にかかるコストなどを上乗せしたものが輸出価格になっているはずですから、当然輸出価格が高くなります。しかし実際は、生産価格より少ない。なぜならば、アメリカ政府はいまだに輸出補助金と生産補助金を出しているからです。ヨーロッパも同じです。このおかげで、原価100円かけて作ったものが、50円ちょっとで海外に輸出できるわけです。これと比較して、日本の農家は生産性が低いから価格が高いなどと言われるのは話が違いますよね。

さらに、小麦やトウモロコシといった同じ種類の作

アメリカの小麦生産価格と輸出価格との対比

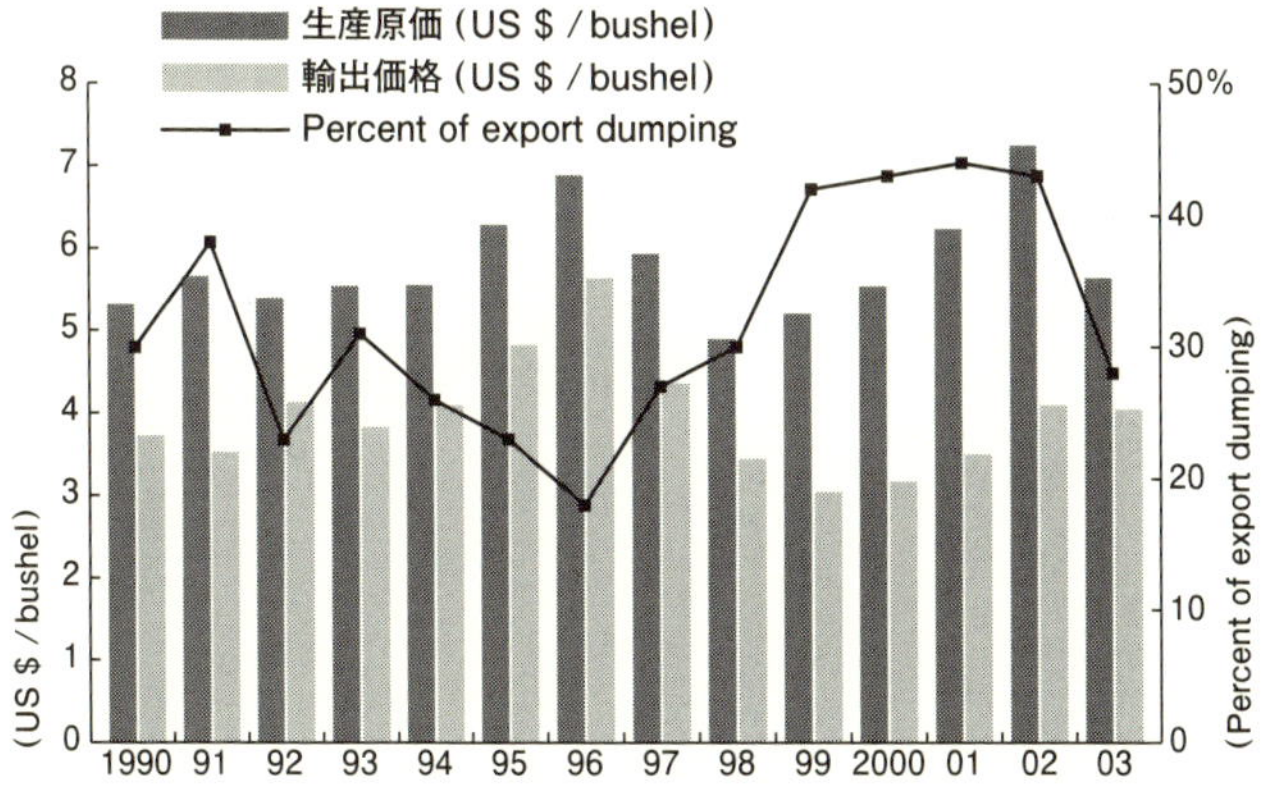

■IATP(Institute for Agriculture and Trade Policy)の資料を基に作成
(参照) http://www.tradeobservatory.org/library.cfm?refid=48538

物を大量に作っている大規模農家と、いろんな種類の作物を作っている日本の小規模農家を比べた数字にはおかしなところがあります。いろんな作物のトータル収穫量と、大規模農家の単一作物の収穫量を比べると、小規模農家の方が作物全体の年間収穫量では5倍大きいんです。よく言われている話とは逆です。だから大規模化するのは収穫の効率性、つまり、売りやすさの問題でしかなくて、単位面積当たりの生産性では小規模農家を増やすべきなんです。貧しい国の食糧問題の解決策はよく言われる大規模化ではありません。逆に大規模プランテーションをなくして、小規模農家を増やしたほうが、食べられる人の数は5倍も拡大するんですよ。

そもそも、アメリカの大量の穀物はどこからやってくるのでしょうか。左の写真を見てください。

これは月ではありません。サハラ砂漠をセンターピボットという巨大な水撒《ま》き機で、半径2キロにぐるっと水を撒いて生産をしているから、畑の形が丸いんです。

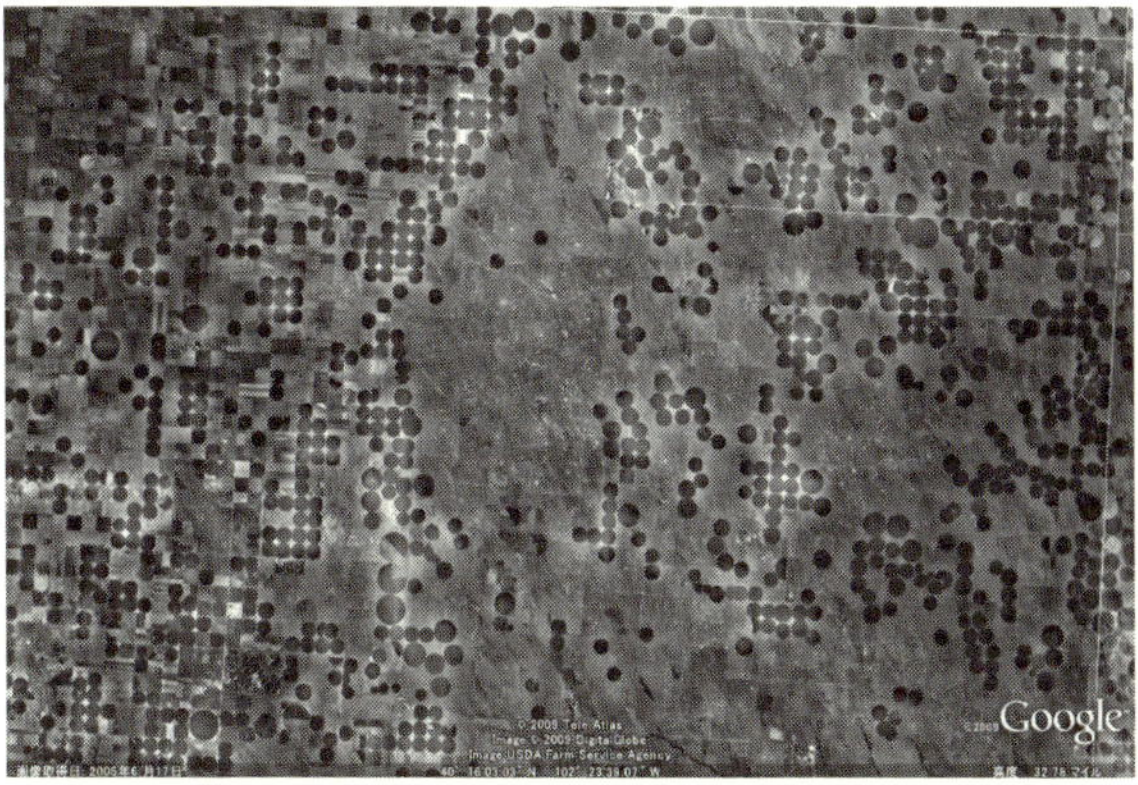

■ Google Earth より

アメリカの中部、西部に広がる農地も同じです。こうした場所で、トウモロコシや小麦などを育てています。この撒かれている水は、オガララ帯水層という地下に数千年かけて溜《た》まった化石状の水たまり＝化石水です。ここからどんどん吸い上げて使っているので、2020年には枯れると言われています。そんなところに食品の生産を任せておいて、日本は自動車を輸出していればいいなんて、まったく冗談じゃないです。

1章……………3

農家に「転身」より「融資」

お互いが支え合う融資のやり方

安全な農作物を食べるために会社を辞めて農業を始めようとする人がいますが、その前にちょっと考えてみてください。今、現実に農家はたくさんあります。その人たちが食べられるようになった方が、会社員が農家に転身するよりもはるかに話が早いと思いませんか。今農業をやっている人を支えられる仕組みが大切なんです。

そこで、こんな仕組みを考えてみました。例えば都会に住んでいる私が、農家の方にお金を先払いして、農作物を後から送ってもらう仕組みです。今、農家が一生懸命になって安全な有機無農薬栽培をしても、売り先が見つからないことで困ることがよくあります。しかしこの仕組みであれば、おカネを先払いすることで農家は売り先が確保でき、先におカネを得ることができます。互いに安心できますね。現在、

農家の平均的な取り分は、スーパーなど店舗で売っている価格のわずか12・5％です。スーパーで200円で売っている作物（農家の取り分は25円）を、私に100円で売ったとしても、農家の収入は4倍増えることになります。

こんなこともできます。例えばお米であれば、私は円が暴落してインフレになって食べ物が手に入らなくて飢えるような状況になったとしても食べていけるように、今後20年分確保したい。1年間に1人あたり1俵（60kg）のお米を食べると言われていますが、1俵のお米を作っても、今の買取価格はわずか1万3000円です。これでは農家はやっていけない。農家から3倍の値段で売ってもらうとしましょう。そうすると1年分で3万9000円、10年で39万円、20年分で78万円になります。玄米ならほぼ完全栄養の食品ですから、あとリジンを含む豆類と少しのビタミンCを補えば、飢え死にする心配はなくなります。私は78万円出すことで、20年間生きていける保障が得られるわけです。

農家に先払いしたおコメを送ってもらう日を特定するために、「はがき」の形にしたとします。ぼくは米櫃《こめびつ》の中身が減ってきたら、先払いした農家宛てに、その特製はがきを投函する。するとハガキが届いた相手の農家さんは、「田中さんのうちはそろそろお米がないのだな。送らなくちゃ」ということで、お米を送ってくれる。これは偽造が不可能です。なぜなら農家の方自身が自分で宛名を書くのですから。それでも心配だったら大根汁であぶり出しにしておけばいいのです（笑）。地域を豊かにするためにできる仕組みは、考えてみれば実はたくさんあるんですよね。

1章…………………4

発酵文化を見直そう

日本の伝統食は発酵食品

今、アメリカで非常に流行っているのが、ローフード＝Raw Food です。食品

を極力生で食べようという考え方です。火を使えるようになるまで、かつて人間が食べてきたものは、生の食品だった。そこには生命の酵素が破壊されずに残っていますから、命そのものを食べていたんです。それが、ローフード。静かなブームですが、食べに行ってみると一食2000円くらい、安くても1000円くらいします。それでもダイエットにいい、健康にいい、と注目されています。食べ物の安全性やダイエットへの関心が高いせいでしょうね。ただし誰にも安全というわけではありません。自己免疫病の一つであるリウマチでは、酵素を含んだ生ものは外敵と判断されて、免疫が誤作動して状態を悪化させることもありますから万能ではありません。

でも生物の分解酵素を利用するのですから、「発酵食品」とよく似ています。日本人にとっては特別目新しい話ではありません。特に東アジアには、発酵食品が多いからです。たとえば、味噌、醤油、酢、納豆、たくあん、ぬか漬け、梅干し、そして日本酒も発酵食品です。酵素は特定の物質に対して触媒として機能し、特定の化学反応を起こします。こうした酵素の働きは、普通は体の中で行われるわけですが、それを外にある段階で行い、しかもこの酵素を持った微生物を不活性にしないままに体内に入れているのです。

食べ物を消化することは、体内のたんぱく質だけでなく、体内に共生している菌類とともに分解して吸収することです。それを外部で先にしているのが発酵食品です。また、場合によっては体内の消化だけでは十分に分解できない場合もあります。そこで必要になるのが調理なわけです。だから発酵食品だけが健康的なわけではないですが、それぞれの生物の中にある酵素を利用して消化するのは、おそらく健康的な暮らしに必須のことなのでしょう。

こうした消化を促進するための酵素の応用は、今後も必要とされるでしょう。それをいち早く、安く食材として提供できたなら、きっと高付加価値の料理になると思います。このすぐれた発酵文化を、日本はもっと生かすべきですね。

1章……………5

ネオニコチノイド系農薬の問題

ミツバチを滅ぼしつつある農薬

発酵食品といえば、ハチミツというのも発酵食品なんです。これは花の蜜をミツバチが集めてくるときに、体内で分解して保存がきく形に変化させているからです。だからハチミツはもともと、ものすごく長く保存ができる、しかも薬効効果のある食品として役立てられてきたんです。

このミツバチに異変が起きていることはみなさんも聞いたことがあると思います。いわゆるミツバチの失踪です。CCD(蜂群崩壊症候群)と呼ばれる現象です。ミツバチが世界中でいなくなっている話です。よく原因として語られるのが、ダニ、ウイルス、農薬、などですね。

日本ミツバチは半径2キロしか飛ばないし、ほとんど刺しません。攻撃性がなくてすごくかわいいんですよ。日本ミツバチは野生のハチです。昔は日本ミツバチしかいなかったから、それでハチミツを作っていたんですが、西洋ミツバチが入ってくると生産性が高いものですから、養蜂はみんなそちらに切り替わりました。でも「西洋ミツバチ」は人間が育種したものなので、もはや野生の力を失っていて、自然界で人の力を借りずに暮らすことはできません。ただ、一部沖縄では野生化したそうです。先祖がえりしたのかな、それとも「さすが、沖縄」と言うべきか。だから日本ミツバチの養蜂家は、森の中に住んでいる野生のミツバチを集める性質のある植物を利用して、うまく誘《おび》き寄せて培養します。もし日本ミツバチがウイルスに侵されていたとしたら、野生の段階でとっくに滅びていたはずです。だからウイルス説は無理がある。

もう一つおもしろいことに、日本ミツバチは世界で唯一、体にダニがつくと猿のようにお互いにダニを取り合う種なんです。だからダニに侵されるということもありません。しかしその日本ミツバチも失踪しています。

ウイルスでもない、ダニでもない。そうすると残りは農薬です。フランスの最高裁判所が、その原因物質として認めているのが「ネオニコチノイド」という無味無臭の農薬です。西洋ミツバチよりは日本ミツバチのほうがネオニコチノイドを避ける能力を持っているようですが、それでも被害は出ています。水溶性なので水に含まれます。ミツバチは蜜だけでなく、ネオニコチノイド入りの水を運んできてしまう。体温が高いミツバチは、水を飲むというよりも、体内に水を通すことによって体温を下げます。その中にネオニコチノイドが混じっているとアルツハイマー状態になる。ミツバチは生まれてから約3週間、子どもの世話や蜜の受け取りなどの内勤をしているのですが、その後の1、2週間は外に出て蜜を取りに行くんです。ミツバチが蜜を集める外勤に飛び始めるとき、まず高く飛んで巣を確認して覚えてから飛んでいくのですが、アルツハイマー状態になってしまって帰り道が分からなくなってしまいます。そのままどこかに消えてしまう。これがミツバチ失踪の実態なんです。

この農薬はフランスやドイツですでに禁止されています。しかし日本ではまだたっぷり使われています。それどころか、単位面積当たりで最も大量に使っているのが日本なのです。しかも食品に認められる残留基準も極めて甘い。ものによってはヨーロッパの５００倍の甘さです。一年は３６５日ですから、日本の基準では、一日でヨーロッパの人たちの一年半分の農薬を摂取することができてしまうのです。

1章……6

ネオニコチノイド系農薬の危険性

私たちの脳を襲う農薬

さらに危険なことがあります。このネオニコチノイドが昆虫を死滅させるのは、

タバコと同じニコチンが、昆虫の中枢神経にある「アセチルコリン受容体にアゴニスト（類似物質）として作用する」、つまり誤作動させるからです。（※日本農薬学会誌 23193-200,1998）

この論文を書いたのは、「アセタミプリド」という殺虫剤を開発した、日本曹達株式会社小田原研究所のメンバーです。昆虫の場合には中枢神経がアセチルコリン受容体によっており、グルタミン酸を用いる人間とは違っているから有害性はないと考えられていたせいです。胎児は、その成長過程で脊索動物段階、魚段階、両生類、爬虫類、哺乳類段階と身体器官の形成と組み替えを行うという「個体発生は系統発生を繰り返す」という説がありますが、ヒトの発達段階にはアセチルコリン受容体を用いた神経伝達もあるはずです。

現実に、リンパ球の他、脳の中の「海馬《かいば》」、「扁桃体《へんとうたい》」というような原始的な脳にも、アセチルコリン受容体が存在しているのです。この扁桃体は、「情動」と「記憶」に主要な役割を持っています。ここを類似物質が誤作動させるのです。例えばうつ状態になったり、逆に多動性になったり攻撃的になったりする可能性があります。海馬もまた、記憶や空間学習能力に関わるので、記憶や地理的な把握能力が衰える可能性があります。

これを人間が食品から摂取するとどうなるのか。急性的な反応で、短期記憶の能力が失われたり、うつ状態、逆に多動状態、心筋の異常やぜんそく、皮膚湿疹やリウマチなどが発現したとする報告があります。今、子どもたちに「多動性、不注意、衝動性」を特徴とする「ＡＤＨＤ（注意欠陥・多動性障害）症状」などが急激に増加しています。90年代末頃から授業が成立しなくなる「学級崩壊」という言葉が使われ出しました。これが農薬のせいだとしたら、全国に広がる薬害問題のような事態です。

急性の被害は、基準が甘い果実、お茶、野菜など噴霧された農薬の直接暴露が多くなっています。調べてみると、アセタミプリドでは「キャベツに薬液散布後、２００ppm で散布21日後まで、１００ppm でも散布14日後まで90％の殺虫効果を示し」、「キャベツ苗の根部を希釈液に浸しただけでも低濃度で殺虫活性を示した」と書かれています。低濃度のアセタミプリドでも、2、3週間残っていたということです。しかもキャベツへの使用時期は、出荷7日前までとなっています。家にあるキャベツも、まだ殺虫効果を持ったままだということになります。私たちの脳が虫と同じアセチルコリン受容体を持っているのに、殺虫効果を持ったままのキャベツを摂取することになるのです。しかもまずいことにこのアセタミプリドはネオニコチノイドの中でも例外的に、脳に蓄積するのです。

ネオニコチノイドからの脱出

他国にできて、なぜ日本にできないか

このネオニコチノイド、使っているのかどうか、生協に聞いてみました。「使っ

ている」というのが答えでした。安全で有名な生協です。「使わないでほしい」と伝えたのですが、「いまやあらゆるところに使われているから難しい」という返事が返ってきました。また別なところでは、「農薬を使うなというのは人権侵害に等しい」とも言われました。たとえば除草など、大変な手間になるので人々を苦しめるだけだというのです。ネオニコチノイドがダメなら、以前の農薬を復活させられないかと考えてみました。しかし、それ以前は神経毒性があって問題のある有機リン系農薬です。それ以前はとたどっていくと、戦時中に開発された化学兵器の応用品でした。とても以前の農薬も使えるものではありません。

今回のネオニコチノイドの問題は、ダイオキシンなどの「環境ホルモン（内分泌かく乱化学物質）」の起こした問題とそっくりです。人間の生殖や成長に関わる部分は、いまだに人間以前の段階での進化の仕組みでできています。進化すると、神経伝達が高度化して電気信号になりますが、それ以前は「ホルモン」と呼ばれる化学物質によって成長の信号を伝達していました。ところが、これを誤作動させたり止めたりするようなニセ信号を届ける化学物質が作られてしまっていたのです。環境ホルモンのときは主に生殖や免疫機能への悪影響が主でしたが、ネオニコチノイドは海馬、扁桃体などの情動、記憶、免疫に対する問題なだけで、仕組みはまったく同じです。ホルモンはほとんど一兆分の一レベルで作用してしまうので、使用量を減らすという対応では解決には結びつかないと思います。しかも「ネオニコチノイド」が「アセチルコリン受容体」に作用するのは明らかで、その受容体が人間の脳やリンパ球に存在することも事実なのです。

人権侵害はしたくないから農薬を認めたいのですが、しかし調べれば調べるほど問題は広がり続けます。なぜなら農薬と昆虫はいたちごっこを繰り返すからです。いたちごっこを繰り返すか、止めるかしかないからです。しかし幸い、西日本新聞の「食卓の向こう側シリーズ」で、NPO法人「大地といのちの会」の吉田俊道さんを知りました。彼は「病害虫に食べられる野菜は健康でないからだ」と言い、「健康な野菜のためには健康な土づくりが大切だ」と言います。また別の有機農家の友人は、まだ寒い3月の時点で、今年の農業の9割の仕事は終わったというのです。なぜなら土づくりがほとんどだからだと話す。作物を土から切り離して考えるのではなくて、土の一部として考えて解決する方法が重要だと思います。

生協さんはぼくに言いました。「使わないのは無理だ」と。しかし現実にドイツでもフランスでも実現しています。農の技術・知恵・歴史ともに格段に優れているはずの日本に、なぜできないのでしょうか。吉田さんは自分の「お腹の畑を耕そう」と、野菜の芯や根菜類の皮などの〝成長点〟を食べようと提案しています。そして現実に、吉田さんのアドバイスを聞き入れた子どもたちの多くが低体温を改善させ、病気にかかりにくくなっています。「農」は医療より重要で、「食」は薬より効果があります。「医薬」に対する以上の敬意を払って、食と生命を生かすべきではないかと思うのです。農薬を守って人々が滅びるのは、本末転倒ではないでしょうか。

ぼくが考える解決策は、脳への蓄積性が認められるアセタミプリドというネオニコチノイド系農薬は使用禁止に、それ以外のネオニコチノイド系農薬はせめてEU

並みに規制するという穏和なものです。「急性毒性」が短期記憶の欠落、うつ状態、多動状態、心筋の異常やぜんそく、皮膚湿疹やリウマチなどだとすれば、それらはEU並み基準で対策できると思います。しかし「慢性毒性」がADHDや慢性的なうつ状態だとすると、脳に蓄積性が認められるものは使えないと考えるからです。

1章……………8

発酵文化の応用

酵素を生かす、魔法の温度

おっとごめんなさい、発酵文化の話でしたね。熱くなって脱線してしまいました。先ほどのハチミツは発酵食品だという話なのですが、「銀座ハチミツ」というのを知っていますか？　銀座のビルの屋上で日本ミツバチを飼って、そこで取れたハチミツを地産地消しているのです。ところがハチミツを作っているところではどこでも、一つの悩みがありました。それがハチミツの濃縮です。

ハチミツは、製造過程で80℃くらいの高温のお湯で湯せんし、糖度を上げます。最初は70％くらいの糖度なんですが、80％くらいの糖度に上げてやらないとハチミツが保存中に発酵しちゃうんです。発酵してしまうとどんどん酸っぱくなってしまうから、それを止めてずっと保存できるものにするんです。ちなみにぼくは数十年前のハチミツを食べさせてもらったことがありますが、コクが出ていながらすっきりした味の不思議なハチミツになっていました。

銀座ハチミツを生かしたのは「愛工房」という木材乾燥炉でした。もともと木材を乾燥させるために作った「超低温乾燥炉」なのですが、これが役立ったのです。わずか45℃の温度で木材を乾燥させています。この45℃という温度は、生薬を作るために薬草を乾かすときの温度でした。石垣島で薬草を作っている友人に聞いてみましたが、やはり同じ温度で乾燥させています。40℃を超えると雑菌が死に、50℃

を超えると酵素が壊れると言うのです。45℃は雑菌は死ぬけれど細胞と酵素が生きている状態。だから生命は生きているときのまんまというわけです。

愛工房を開発したアイ・ケイ・ケイ＊株式会社（東京都・板橋区）の伊藤さんは、この超低温乾燥炉で先ほどのハチミツを乾かしてみたんです。信じられないほどおいしいハチミツが取れました。養蜂家の人たちが、「俺たちは今まで何をやってきたんだろう」と驚くほどの味でした。低温乾燥なので酵素が生きている、するとおいしい。本来ハチミツは、その酵素を食べる食品だったんです。湯せんの温度が高過ぎて酵素を壊し、味も殺してしまっていたんですね。

＊「アイ・ケイ・ケイ」HP
http://www7a.biglobe.ne.jp/~ishikou/

酵素を壊さない保存法

過剰生産物を生け捕り保存する

愛工房の伊藤さんはこの超低温木材乾燥炉を使って、野菜や果物を乾燥させてみました。すると面白いことが起きました。柿とかリンゴとか、とてもおいしいドライフルーツになったのです。ダイコンを食べて驚きました。なんと、口の中でダイコンの辛みが戻るのです。おろしがねでおろしたダイコンみたいに。つまりこれまでのドライフルーツもベジタブルも、乾燥を高温でしていたために、その中の美味しさの成分まで壊してしまっていたんですね。それがナマのときと同じように乾燥するんです。これを取れすぎてしまった収穫物に使えたら、口の中でナマの味に戻るドライベジタブルが作れることになります。

これを生かすことができれば、たくさんの薬効成分を生き物から得られます。最近知ったのですが、スギの白太と呼ばれる白い部分と内部の芯の間には、リグナンという物質が0・5％も含まれています。リグナンという物質は、抗酸化物質であると同時に制がん物質なんです。つまりがん細胞の増殖を抑制します。しかしリグナンは熱に弱いので、高温乾燥させたら効果がなくなります。ヒノキの薬効成分には含まれないスギだけの特徴です。

ベニヤ板、接着剤、集成材がぷーんとにおう『毒物の館』が普通の家。反対に、スギを生かした住宅に住めば病気を寄せつけず、抗酸化物質ですから、病気や老化を防ぐ効果もあるでしょう。私たちは、本来生き物が持っていた優れた効果を、単なる機械のように扱うことによってダメにしてきたように思うのです。ちなみに、スギにもヒノキにも殺菌効果がありますから、家ダニ駆除の効果があります。ですがヒノキのフィトンチッドには興奮作用がありますから風呂場に使うと元気になりますが、寝室に使うと眠れなくなるかもしれませんね。一方、スギには鎮静作用があり、気持ちを落ち着かせてくれますから寝室にはうってつけです。しかしそれも酵素を壊す温度では失われます。昔から室内にスギが使われてきたのは、賢く活用してきた証でしょう。今ではすっかり「悪者」のスギですが、あらゆる生命は互いに補い合って生きてきたのです。生き物として補い合う関係に戻る必要がありますね。

2章

自然をどうする?

2章・・・・・・・・・・・・・・1

荒れていく世界中の森

過剰な伐採と過少な手入れ

1章で日本の食料自給率が40％しかないと言いましたが、木材の自給率はもっと低いんです。2009年で27・8％ですが、約3割しかありませんでした。残りの約7割が今も輸入材です。それが環境にいい木材であればいいんですが、日本以外の国で採られる木材はほとんどが天然林からの木材です。環境的にきちんと管理された森から作られた木材製品を認証する、「FSC認証（Forest Stewardship Council、森林管理協議会）」というものがありますが、その認証に日本が参加するときに、新たに人工林の管理規定が追加されたほどです。だから他国の天然林の木材を使って環境を破壊するよりは、日本の人工林を使った方が環境的にすぐれたものになるはずです。

もともとぼくが森林問題を気にしたのは、熱帯林保護の運動に参加していたからでした。実態を知りたくて出かけた熱帯林の地域では、かなり無茶な破壊がされていました。道のなかった森をブルドーザーが踏みつけて壊し、そこからは血のように赤い泥が流れ出ていました。川は濁り、泳げそうな色の海は見当たらないほどです。人々は反対していたんだけど、今同じ場所に行ってみると、森は消え去り、以前訪れた場所すら見つけられないありさまです。以前森だった場所は、延々と続くアブラヤシのプランテーションに変わってしまっています。かつて森の中で食べ物すら貯蔵せず、毎日優雅に暮らしていた人たちは、今やプランテーションに通う賃労働者になっていました。人々はだんだん私たちのように、人のつながりよりおカネが大事になっていきます。ぼくは子どもの頃から森や川で遊ぶのが大好きだったから、そこで遊べなくなるのが悲しくて仕方ない。人々が変わってしまうのはなおのことです。

一方で日本の森は、戦後の拡大造林計画で、「ここまでも」と思うほど森の奥までスギやヒノキで植林され、その後に放置されたために荒れ果てました。荒れた山は下草の量でわかります。間伐されずに荒れた森は、光が射さないために下草が生えません。そのため土壌が流出して土が減り、土の下にあったはずの根が浮き出てくるのです。放置されたのは、木材の輸入が自由化され、格段に安い木材に押されたせいでした。それ以外にも国産木材の技術革新が遅れたことや、林業への助成金が必要な林道や木材商品開発に使われず、単なる失業対策のような形になっていたことも影響しました。

そして今や荒れ果てて動物も住めない国内の森と、海外の緑色はしているものの生物の住めないアブラヤシ・ユーカリなどのプランテーションの森が残ったのです。

2章……………2

木を伐るのは悪いことではない

付加価値をつけて大事に使う

ちょっと感情的に、「木を伐るときに、木々は悲鳴を上げる」というような言い方を聞くことがありますが、それは正しくない。私たちがものを食べるのと同じように、私たちは他の生命によって生かされています。必要があって木を伐るのです。せっかくの命をいただくのですから、「伐らない」ことが大事なのではなく、「伐った木材を大切に使う」ことが大事なのです。その点で、現在の暮らしぶりは落第です。なぜって、せっかく建てた家を平均わずか30年ほどで取り壊しているからです。スギだって育つのに50年はかかるのに(しかも歩留まりは最高でも半分です)、それをわずか30年で取り壊していたら、世界中の森がなくなるのは当たり前でしょう。50年で育つスギを50%使うのですから、家を建てたら100年以上使わないと森は減っていってしまいます。ヒノキではその倍の年数が必要になります。だからぼくらは300年使えるように考えた「天然住宅」という非営利の住宅会社を立ち上げたのです。

林産地側の人々が生きていくには、今の木材価格では生活できません。高い値段で買うことができる仕組みを作らないと続けられません。しかし高い値段で買っているだけでは、住宅会社は競争に負けて存続できません。そこで別な仕組みを考えました。林産地の暮らしを安定化させるには、二つの方向の解決策があります。一つは収入を増やすこと、もう一つは支出を減らすことです。そこで天然住宅では、林産地側と組んで木材を高付加価値のものにしました。木材を煙でいぶしてくん煙乾燥し、さらに水中乾燥というかつて使われていた乾燥方法を用いてゆがみの少ない木材にします。同時にカビがつきにくい、濡れてもすぐ乾く、湿気の吸放出性能が高いなどの性質も持たせます。「水中乾燥」は、浸透性の高い水を使うという一見矛盾する方法で木材を乾燥させるものです。実はこれ、かつて伝統的に使われていた乾燥方法なのです。

　これで乾燥させると、板材であれば数日、芯の入っている四角い木材も一週間ほどで乾いてしまいます。乾燥に10年かかるケヤキが数日で乾いた時にはとても驚きました。しかもゆがみがほとんど出ません。ゆがむので有名なのがカラマツです。「自然にプロペラが作れる」と言われるほどゆがむのです。だからごみ扱いされています。これを木材製造・販売を営む栗駒木材＊の超低温のくん煙乾燥炉で乾かしてみました。歩留まりは90％でした。10％しかゆがまないというのは、画期的なことです。さらにカラマツの中にあるヤニが、くん煙乾燥の煙と反応して出て来なくなるのです。ごみ扱いされていたカラマツが、堅くて美しい木材に生まれ変わるのです。

　天然住宅の構造は、伝統的な建築方法です。木材に仕口《しぐち》や組み手と呼ばれる複雑な加工を施します。これも林産地でしてもらいます。都会で建てる時には、刻んだ木材を運び込んで組み立てるだけです。その代わり、木材に支払う金額は他の建築会社の5倍以上になります。実際には高くありません。何より天然住宅は、普通の

＊「栗駒木材」HP
http://www.kurimoku.com/

家なら3軒建つほどの木材を使いますし、先述のような手入れをしてもらっているからです。他にも土台の木材は虫が嫌うヒノキを使い、さらに「木酢液《もくさくえき》（炭を作るときの副産物、くん煙乾燥炉から得られる）」に漬け、ヒバオイルや月桃《げっとう》を塗り、風通しのよい環境で乾燥させてシロアリを避けます。しかし何よりの優位性は、住まいの安全を支える健全な木材です。

化学物質過敏症（CS）にならないために

室内の空気の大事さに気づくこと

天然住宅に木材を供給してくれているのは先述の「栗駒木材」という宮城県・栗原市の会社です。そこは「エコラの森」を持っています。その森はもともとリゾートに買われたのに開発に失敗し、債権者に木を盗伐された荒れた山です。その後この森のある山が産業廃棄物業者に買われそうになったのです。このままではふもとの温泉も排水で汚染されてしまいます。いたたまれずに栗駒木材が買ったのが、この260ヘクタールの山なのです。ここでは除草剤など一切の有害物質を使いません。アスファルトも敷きません。木材が汚染されるのがイヤだからです。

そして栗駒木材には「防菌槽」がありません。マツは切るとすぐにカビるため、普通は有毒な防菌槽にすぐ漬けます。しかし木材が汚染しますから使いません。安全な住宅を作るためには天然素材を生かすことが大切なのです。

「いのちの林檎」というドキュメンタリー映画があります。無農薬で除草せずに作る「奇跡のリンゴ」で有名な木村秋則さん（青森県・弘前市）が出てきますが、彼が主人公ではありません。中心はＣＳ（化学物質過敏症）患者の母娘です。娘の早苗さんはとても素敵な女性です。発作で苦しんでも、発作が治まるとすぐに笑顔に戻って「臭いに気づく前に体が反応してしまうから困っちゃう」と言い、普通の家に住むことができなくて、放浪しながら山奥の掘立小屋に住まなければならないのに、こうして暮らせるのが幸せと言うのです。早苗さんは電磁波にも反応します。上空を飛行機が飛ぶだけでも反応します。彼女はあるとき、ついにすべての飲食物に反応して、水すら飲めなくなりました。母は必死で安全なものを探し、木村さんのリンゴを見つけました。早苗さんは四日ぶりに水分を身体の中に入れ、作ってくれた木村さんに本当に感謝するのです。彼女たちは木村さんに会ったことがありません。

ぼくらは彼女の住める住宅を建ててあげたくなりました。天然住宅なら一切接着剤もベニヤも使っていないので住めるかもしれません。しかし彼女が暮らすには、農薬も飛んで来ない山奥でなければなりません。早苗さんは飲食物に反応しますが、CSの予防は「オーガニックな食品を」ではないのです。CSになってからはたくさんの化学物質に反応しますが、発症するのはほとんどの場合「空気」です。シックハウスと呼ばれるような室内の化学物質のせいで発病しています。なぜなら体内に取り入れる空気は、重さベースで飲食物の5・5倍もあるからです。これ以上CSの被害者を増やしたくないと考えたら、住宅が重要なのです。シックハウスではない、汚染していない天然素材だけを使い、有害化学物質を使わない住宅が必要なのです。CSになってから飲食物を気にするのではなく、安全な空気の住まいが重要なのです。それこそが天然住宅の最大の優位性ではないでしょうか。

2章……………4

皮むき間伐する

簡単な間伐で一日も早く健全な森に

逆に林産地の支出も減らします。たとえば大きな比率を占めるのは人件費ですから、林産地での作業の流れを合理化したり、まとめた発注をすることで費用を少な

くします。

今、新たに進めようとしているのが「皮むき間伐」です。元気な森を維持するには間伐（一部の木々を伐採し残りの木の成長を促す作業）が必要です。皮むき間伐では、スギやヒノキの皮を剥《む》くことで木を枯らせます。木の細胞が生きているのは周囲の皮の部分だけなので、皮を剥かれると木は枯れます。木が枯れると3カ月から半年かけて葉が落ちます。葉が落ちれば光が入るようになって、間伐したのと同じになります。しかも皮むき間伐した木は、そのまま翌春まで立たせたままにします。木は1年ほどかけて乾いていって、木に含まれていた水分が10分の1以下に減って、重さも3分の1ほどになります。皮むき間伐は皮を剥くだけですから通常の間伐と違って危険性が低くなりますから、子どもたちに任せられます。すると大人たちは、翌冬に3分の1ほどの重さになった木材を運び出せばすむことになります。「皮むき間伐」と呼んでいますが、最終的な木材を得る「主伐《しゅばつ》」にも使える方法です。

ラッキーなことに、木々は葉をつけたまま乾くので、吉野スギの「葉枯らし」と呼ばれるきれいな材を生む手法と同じになります。さらに超低温乾燥を施せば、短期間の乾燥で使える木材とすることができます。ただし皮が簡単に剥けるのは、毎年4月から8月まで、木が活発に水を吸い上げている時期、しかもスギ・ヒノキだけです。その時期に集中的に皮むきすることになります。

今、日本中に手入れが行き届かない森がありますが、間伐はまったく追いついていません。荒れた森はちょっとの台風で倒れてしまったり、十分に根を張らないために土砂崩れを起こしたりします。間伐を急いで進めていくには、「皮むき間伐」はとてもいい方法ではないかと思うのです。これなら間伐の人手も子どもでも足りますし、搬出も軽くて楽になります。しかも乾燥度が進んでいるので乾燥の時間を短縮できます。木材会社の大きな負担は、自分たちは現金で木材を買い入れるのに、その森が住宅になって売れるまでは現金にならないことです。たとえば1億円分の木材を買っていたら、一年待てば金利年5%でも金利負担が500万円程度になってしまうのです。

さらに皮むき間伐した間伐材も売れるようにしていきたいと思っています。天然住宅ではこの木材を使って、家具を作ることができないかと模索を続けています。木材は単に売れればいいのではなく、「高く売れる」ことが大事なのです。紙や燃料のチップやベニヤの板材では価格が安すぎて経営が成り立ちません。高く売ることのできる「建材」や「家具材」としての利用が必要なのです。これが成り立ってくれれば森の収入は増え、乾かす場所も時間も少なくなりますから支出も減ります。さらに運び出すのが簡単になるということは、今の「皆伐（全面的に切り倒す伐採方法）」から、「択伐（必要な木だけを選んで伐り出す方法）」へ変えていくことも可能になります。そうすれば、多様な生物と共存する混交林に戻しながら、きちんと利益を生み出せる経済林としていけるかもしれません。現に栗駒木材では、ほんの20年前まで栗やケヤキやブナといった広葉樹で家を建てていたのですから。

2章……………5

牛を森で育てる

山地酪農で山を再生する

森を元気にするのに牛を森で放牧するという方法もあります。「山地酪農」と呼んでいます。もともと日本ではその力を借りるために、牛や馬がたくさん飼われていました。それらの動物たちは草葉の多い山林で育てられていました。しかし近代になって牛乳や肉を利用することになると、生産が追いつかなくなりました。そこで本格的な牧畜が営まれるようになり、自然な形で全国に広がっていきました。特に動物たちが食べてなくした草の跡地には、「シバ」と呼ばれる飼料に適した草が生えました。ところが1987年に、乳業メーカーや農協が新たな取引基準を作ったのです。乳脂肪率が3・5%以上でないと通常の価格で買わない、それ以下ならペナルティーを科すと。すると困ったことに、放牧して「シバ」を食べさせていたのでは、特に夏場は基準に達しません。アメリカに牛耳られている配合飼料を使わない限り、基準額で販売することができなくなったのです。ここを境に山地酪農だけでなく、放牧そのものがほとんどされなくなりました。以前のようにのんびりと草を食べさせていただけでは足りず、牛舎で配合飼料の餌を食べさせなければならなくなったのです。しかも牛乳は牛の血液から作られます。絞り取るように乳を作らされる乳牛と、山地酪農の牛とでは、寿命が4倍も違ってしまいます。

しかし「この世界に無駄な命などない」と考えるアミタ株式会社（東京都・千代田区）が、森で育てる酪農を鮮烈な形で復活させました。丹後半島（京都）の森の中で牛の放牧を始めたのです。しかも山地酪農では徐々に丘状にしていくのに対して、アミタの考える「森林酪農」では森のまま維持します。アミタで放牧されているのは種牛を除いて乳牛で、乳牛は一日一度、乳が張ってそれを絞ってほしくて牛舎に並びます。それ以外の時間すべて、牛たちは山の中を散策しています。雪が降る真冬でも牛たちは外にいます。出産するときも牛だけで自力でします。

森の中で牛に出会うと驚きますね。森の中で大きな動物に出会うことはないですから。ここで作られた牛乳は、成分の調整などせずに大手の百貨店で販売しています。週一回の販売、しかも市販の牛乳価格の7倍だというのに、これまで3年間、一度も売れ残ったことがありません。

アミタはその牛を、林業にも役立てているのです。牛は下草を食べてくれるので、夏場、人が立ち入ることができないほど密生する下草が、すかすかになります。そして牛は大きな図体で自然に枝落としをしてくれます。まるで下草刈りしたみたいな森になるのです。牛糞は一頭当たり一ヘクタールあれば、そのまま山の栄養になります。逆に草の成長量から言うと、一頭あたり二ヘクタールの面積があれば牛と雑草が共存できます。

これを林業に役立てたら、最大の費用がかかっている草刈りがいらなくなります。林業から考えると、コストをかけて乳牛を管理しなくても、雄牛を中心に飼うことで除草を任せることができます。これは革命的です。育林・施業で最もコストがかかるのは「草刈り」で、山の人たちですら夏場になると「草刈りノイローゼ」になるほどだからです。あっと言う間に育つクズなどのつる植物は、苗木にのしかかり、育ったスギにまで上から覆いかぶさってしまうのです。除草剤を使わずに牛に頼めたら、かかる費用は五分の一まで下がるそうです。しかも牛は熊笹を好んで食べるのに、スギ・ヒノキの苗木は食べないのです。この林内放牧は、かつて当たり前にされていた方法だったのです。

もうひとつ、使えるかもしれない習性があります。牛は歩き回るのに、等高線上にいつも同じ道を歩くので小道が作られることです。ここに林道を入れたら、わざわざ測量しなくてもすむかもしれません。この実験を栗駒木材と一緒に進めてみようと考えています。

2章……6

ブタで耕作放棄地を再生する

洞爺湖サミットで使われた豚肉

ブタも役立ちます。鹿児島の「有限会社えこふぁーむ*」では、耕作放棄地や伐採後の森でブタを飼っています。もともとこの会社は産業廃棄物として給食の残飯などを扱っていました。しかしもったいないんですね。まだ食べられるものをごみとして処理するんですから。「昔はどうしてたっけ?」と話す中から、「昔はブタに食べさせていたね」と思い出しました。

そこでまず、残飯を漬物のように乳酸発酵させて、日持ちするブタの餌を作りました。ブタたちは通常、密集して豚舎で育てられますが、スペインのイベリコブタのように森で育てようと考えました。そしてブタたちは、まずスギが伐採された跡地の山に放たれました。ブタたちは緑色をしているものすべてをせっせと食べ、さ

＊「えこふぁーむ」HP
http://www.eco-pig.net/

らには木の根まで掘り起こして食べます。つまりブタが耕運機代わりになるのです。そのブタたちは人が来ると駆け寄ってきます。好奇心が強く、もしかしたら餌や緑の葉っぱがもらえるのではないかと寄ってくるのです。

ブタに限らず、可能な限り自然な状態での肥育に戻していくことが大事です。食用としてありがたく命をいただくからには、せめて命に値する育て方をしてあげたいと思うからです。「えこふぁーむ」ではこのブタたちを、次に耕作放棄地に放ちました。3週間後、ブタは緑色をしているものすべてを食べ尽くしていました。そこに笹や竹林があっても3カ月で根っこまで食べ尽くしてしまいます。その跡地に飼料米としてコメを撒きました。ものすごく粗放な方法です。実ってからも稲刈りしません。そのままブタを放てばブタは全部食べ尽くすからです。もちろん化学肥料も農薬も使いません。ブタ自身が落とした糞尿だけです。

実はブタは、竹の根が大好物なのです。だから放棄されて大分経って竹林になってしまった土地でも、根っこから掘り返します。えこふぁーむの横井慎治さんは「竹退治にはブタが一番いいと思う」と教えてくれました。生えている木も、根っこから掘り返します。ブタは土を食べますが、特に木の根の周りの土が好きなようです。柵をしておかないと、ブタは倒れるまで木の根を掘ってしまうのです。たいがいの耕作放棄地ならブタに開墾させるのが、一番早道な気がします。

このブタたちは健康です。健康だからおいしいのです。このブタ肉はあるシェフに認められて、北海道で洞爺湖サミットが行われたときの食材にも使われました。

2章……………7

竹害を役立てる

飼料と肥料で自給率を高める

関西に出かけると、列車の窓からも竹害を目にすることができます。黄緑色をし

ていて、山をふもとから昇っていくのが竹です。てっぺんまですっかり竹に覆われてしまった山もあります。竹はタケノコから一気に育って光の届くところまで昇ってから葉をつけます。そのため竹が侵略すると、スギの山でも枯らしてしまいます。この竹は地下茎で広がっていくので、取り去ることが困難です。はがそうとすると山の表面ごと取ることになってしまうし、表面だけ取ったとしても翌年には再びタケノコが育ってきます。そのために竹害と呼ばれて、駆除に補助金が支給されるほどなのです。

ブタに駆逐してもらうのもひとつですが、この竹を竹炭にしたり竹細工にしたりすることもできます。ですがそれだけでは駆除に十分な量にはなりません。竹をチップにしてストーブで燃やそうとすると、細かな粉が「粉じん爆発」を起こしますし、ケイ素分が多くて灰が多く出るのでなかなかうまくいきません。ところが宮崎県の山中で面白い利用法に出会いました。

竹をパウダー状の粉にするのです。竹の中には乳酸菌が含まれています。そのおかげで竹を粉にしてビニール袋に入れておくと、発酵して「ぬか」そっくりなものになります。そこに生ごみを入れれば、臭いも出さずに二週間で分解され、それが堆肥になります。それどころか、その竹粉そのものが飼料になるのです。特に牛やブタは大好物で、竹粉を混ぜた飼料を与えると、その後は竹粉がないと食べなくなるほどです。堆肥としても有効で、竹粉を撒いたところだけ、草の成長が飛びぬけていました。

こうして使えたら、竹害が国産飼料になります。カロリーベースで日本の食料自給率が40%と低いのは、配合飼料の輸入が多いためです。もし竹粉でまかなうことができたなら、日本の食料自給率は52%まで向上することになります。タケノコのシーズンには、イノシシがみんな食べてしまいますが、もともとイノシシ・ブタの大好物なのです。落とし穴を掘ったのかと思うほど、深い穴を掘って根まで食べてしまいます。本当にこの世に無駄なものはないのです。竹が役立てられれば、竹害なんて言葉もなくなってしまうでしょう。

2章……………8

山に育つ食品を使う

利用法に気づけば、森の多様性を取り戻せる

意外なことですが、林産地の収入の中で、木材からの収入と並ぶものがあるのです。それは「特用林産物」と呼ばれる森由来の食物です。たとえばキノコ、特に収入として大きいのがシイタケです。シイタケの成長はばらばらなので、収穫が機械でできないせいだと聞きました。他のシメジ、エノキなどは菌を含ませた木屑の培地で機械的に作れるので、大量生産されて価格が落ちました。一時はシイタケも中国からの輸入品に押されて困難になったのですが、その後中国の食料汚染事件が続いたために、業務用で輸入されるもの以外では国産シイタケが使われるようになりました。特用林産物は森で採れるものすべてを指しますから、キノコ、山菜、木の実以外に、マムシや熊も含まれます。

食文化の豊かなアジアのマーケットを見たことがありますか？　日本では食べていない食材がたくさん並んでいます。特に注意して見てほしいのが特用林産物です。たとえば韓国に行くと、さまざまな木の実から作られた豆腐があります。熱帯地域に行くと、果樹はとても大事にされていて、それが村を区切る目印にされていたりします。能登半島にはその地にしか生えていないコノミタケがあり、地元では珍重されています。もっと森から得られる素材に注意を払い、それを収入の一部とすることが大事なのではないでしょうか。

林産地を木材だけ得る場所としてではなく、さまざまな食材や素材を得る場所として考えたら、無限の可能性が広がると思います。ぼくの友人は岐阜県の山奥でマタギをしています。彼は熊の肉だったり、マムシの刺身だったり、シカ肉だったり、マムシ酒やアユのウルカなど、いろんなものを食べさせてくれます。さきほどの能登半島のコミノタケは、手入れされた里山でしか採れません。食べ物ではないですが、人気のクワガタやカブトムシも特用林産物ですね。こうした多種多様な食材や昆虫を経済活動に組み込んだら、森はスギやヒノキばかりの森にはならないでしょう。クヌギが薪炭林と呼ばれるほど薪や炭に適しているように、広葉樹にはそれにしかない特別な効果があります。私たちが役立て方を工夫・発見していけば、山も再び多種多様な生物の場、混交林の元気な森に戻っていくはずです。

2章……………9

農林畜産を区別しない

無駄な生命は存在しない

森を牛が生かしていたり、耕作放棄地をブタが耕していたり、もっと有名な話で言えば合鴨が水田の雑草や昆虫を食べてくれたり、荒れ地が薬草の宝庫だったりします。さらに落ち葉から流れ出る鉄分を含んだ水が海の植物の大切な養分だったり、

人間の尿が海苔のエサだったりします。わたしたち人間は、それらの循環を一部だけ切り取って大量生産しようとしてきました。でも一種類だけの食材がたくさんあっても、私たちの食卓は豊かになりません。それよりはさまざまな食材の得られる森や川があったほうが豊かに思いませんか?

ぼくは子どもの頃、野山に入っては木の実や植物、魚や貝を採って遊びました。もちろん食べていました。だから周囲に森や川や海があることは、生きていくための保険のように思えます。今でも僻地と呼ばれるような地域にいけば、そんな幸せな暮らしが残されています。単一の食材を得るための土地ではなく、多種多様な食材を得るための自然のほうが、ずっと豊かに思えます。

ところが、ダムができてアユが上れなくなりました。魚道が作られてもダム湖で水が止められるので、稚アユが3日以内に海まで流れ出なければならないのに、ダム湖で停められて栄養が途絶えます。魚道は上る魚には有効ですが、下りていく稚アユは魚道を通るわけではないのです。稚アユはたった1メートルの落差で死んでしまいます。ウナギはかつてどこにでもいました。しかし今では絶滅危惧種寸前です。ウナギはたとえ壁があろうと上っていく生命力を持っているのに、下りの川に発電所があれば、ウナギは発電機にバラバラに切られてしまいます。ウナギはグアム沖まででかけて産卵するのですよ。それなのに私たちは電気のためにウナギを失わせている。だから発電所を作るごとに、川を三面張りにするごとに、海に堤防を作るごとに、私たちがタダで得られる自然の幸を失っていっているのです。

もっと複合的な、自然に近い生産方法に戻すことが解決策になると思います。森は林業のためだけのものではない。農家は農業生産だけするものではない。畜産は畜舎で動物に配合飼料を与えるだけのものではない。それらが複合した形で生産されるとき、自然は元の形に戻り始め、私たちの生活はおカネに頼らなくても生きていけるようになっていくでしょう。どこか生命の機能の一部分だけを取り出して、それだけを極大化・大量生産化させてきました。それが巨大農場だったり、巨大な畜産工場だったり、その他の工場だったり会社だったりしたのです。会社は私たちの能力のほんの一部分だけ取り出して、それだけで評価するところですね。そうではなくて、どんな人にも役立つ部分を見出すこと、役割を探していくことが大事だと思います。

おっと、人間の話までいっちゃいましたね。「この世の中に無駄な命はない」という考え方が大事だと思うんですよ。役立たずと思う前に、役立てられるものを見つけられていない自分を恥じた方がいいのではないかと。

2章……………10

地域の循環を守る

〝魚つき林〟と重茂漁業協同組合

岩手県宮古市にある漁業協同組合の話をしましょう。漁業協同組合は漁師など、

魚や海草、魚介類を取る仕事をしている人が集まった組織です。重茂《おもえ》漁協では、多くの若者が戻ってきて漁師として働いています。過疎化に悩む他の地域とは大きく違っているのです。子どもたちも学校に行く前にワカメとメカブをわける作業をしています。彼らは子どもの頃から自然に働くことを覚えているから、やがては地元で暮らそうと思うのでしょう。漁業組合の庭には魚霊碑が立てられていて、お魚の霊をきちんと祀っています。

組合の売店には石鹸コーナーがあって、1976年から合成洗剤の追放運動（「売らない・買わない・使わない」）が続けられています。婦人部は互いに、「中性洗剤使ってない？　絶対に使っちゃだめよ、使うのは石鹸だけよ」と言い合います。たとえば石鹸で体を洗った後の排水を、貝のいる干潟に流したとしましょう。そうすると翌日は、きれいな水に戻っています。石鹸かすは、貝の餌になるからです。では合成洗剤だとどうなるか。濃度が高ければ貝は翌日にはぱかっと口を開けて死んでいます。生物にとっては毒物だからです。重茂漁協の人たちは、海の恩恵を受けて生きている人たちだから、「海を絶対に痛めつけたくない。逆に海さえあれば俺たちは生きていける」という思いを強く持っていて、海を生かすことを日々実践しているんです。

その海に流れ込む重茂川の上流にある十二神山《じゅうにしんざん》の自然林を林野庁が伐採しようとしたときにも、漁民は反対しました。昔から漁港では、森林が魚を寄せるから大事だ、「魚つき林だ」と言われてきた地域です。だから切らないでくれ！　とがんばって、最後の5分の1の伐採をなんとか食い止めました。彼らはそのくらい海を大切に守っているんです。

再処理工場は必要なのか？

2兆8千億円が作り出すもの

こうして海を大切に育ててきた重茂漁協に、大きな危機が訪れました。青森県の六ケ所村で再処理工場の建設が始まったのです。これは、原子力発電所で使い終わった燃料を切って溶かして、廃液の中からプルトニウムを取り出す施設です。これまでトータルで3兆円かけて作った仕組みですが、ものすごい量の放射性物質を流すんです。1年間に流すことが許される最大の放射性物質の放射線量を「致死量」で割ると、なんと5万人分を超えます。5万人分の致死量の放射性物質を、排水管と煙突から流していいことになっているのです。海に流していいと設定されている量は、最大4万7千人分に相当します。太平洋全体に希釈されて濃度が薄くなるから大丈夫だ、というのが理由です。

ところがそうはいかない。日本海を上ってきた海流は津軽海峡を越えると、千島海流とぶつかります。冷たい千島海流は、津軽暖流の下に潜り込み、そのまま南に下る海流になり、三陸海岸を抜けて犬吠崎まで南下していって、そこからハワイ沖に流れます。この海岸線に沿って放射能が流れるところに重茂漁協があります。彼らの守ってきた海ではアワビ、サザエ、ウニ、ワカメなどが取れます。ウニやサザエは海草を食べて育ちます。海草は光合成をするので、海面から50メートル以内で繁殖します。そこはまさに放射能が流れるところなんです。このままでは海が台無しにされてしまう。

重茂漁協のみなさんはもちろん、海を守るための行動に出ました。岩手県内にある36の市町村のうち、33の市町村に放射能を流させない決議を出させました。しかし再処理工場は動き出そうとしています。

この六ケ所村の再処理工場が、全く事故を起こさなかったとしても、操業している40年間でチェルノブイリ原発事故の３分の１の放射能を出すというシロモノなんです。しかも、２００９年2月には事故を起こしています。事故が起きたのは放射能がきつくて、人間が立つと20秒で死ぬような場所。通常の作業もビデオの画面を見ながら遠隔操作で進めます。問題があったのは、極めて放射能の高い廃液をガラス詰めにする装置。この作業を続けていたら、プラチナなどがどんどん下に溜まって流れなくなってしまった。そこで遠隔操作で、鉄の長い棒を差し込んでこそぎおとそうとしたんです。

内部の温度は１２００度。鉄の棒は曲がってしまい、引き抜こうとしたら引き抜けなくなった。「これは大変！」と力を入れたらすっぽ抜けてアームが天井にぶつかって天井が壊れてしまった。慌てて中から直そうと配管をいったんはずしました。直した後に元の場所に戻したのですが、その配管の接着部分の金属パッキンがつぶれたままでした。結果、そこから１５０リットルの放射能がぽたぽたと…。気づいて回収できたのは、17リットルだけ。１３３リットルはそこに漂っています。

この放射能量はセシウムで比較して、広島に落ちた原爆の2・5発分なのです。

もう建物を開けることができません。この中の一番寿命が短い装置は、あと1年半しかもちません。でももう放射能漬けになってどうしようもない。この施設に投じた数千億円は、アクティブ試験をしただけで捨ててしまうことになりました。もう一つの系統を使って再開しようとしていますが、実用品にはならないでしょう。施設はこのままコンクリート詰めにしないといずれこぼれてきて、重茂漁協にも放射能が流れてしまいます。

そもそも取り出したプルトニウムは、ウランと混ぜてプルサーマル燃料にして原子力発電所で使おうとしています。そもそもは高速増殖炉で使うつもりだったのですが、福井県にある高速増殖炉「もんじゅ」も事故だらけで動かせないからです。これが佐賀県の玄海《げんかい》原発で始められた計画です。もともと発電にはウランを使っていましたが、余ったプルトニウムを持っていると核兵器開発を疑われます。そこであと約80年分しか残っていないともいわれるウランにプルトニウムを混ぜて、長く使おうというのです。しかしプルトニウムを取り出すためには莫大なお金がかかります。ウランをそのまま使った方がはるかに安い。しかもプルサーマルで使い終わった燃料を処理するためには、100~300年も冷やさないといけない。その間に経済的に見合うウランは枯渇してしまいます。果たして、プルトニウムを作る意味はあるのでしょうか。

重茂漁協のある三陸海岸は日本最大の漁場です。放射能まみれのことでお金を稼ぐよりも、ここを大切にすればいいのに。たかだか電気のために、大切なお金を大量に使って大切な海と食べ物を失うという、取り返しのつかない方向に向かっているのです。

3章

みんな知らないおカネの問題

3章……………1

おカネのゆくえ

貯金が日本の戦争の資金になった

みなさんお金をどうやって貯めていますか？　ほとんどの方は、銀行、ゆうちょ、信用金庫、農協などの金融機関に預けているのではないでしょうか。では、その預けたお金が、どう使われているか知っていますか。

例えば、ゆうちょ銀行に貯金した場合。郵便貯金、簡易保険、年金、これらはかつての財政投融資（かつて大蔵省の理財局に集められ、政府の第二の予算と呼ばれた巨額の資金。累積額では政府予算の10倍ある。国会の審議すら受けることがなく、恣意的に配分されてきました。現在は「財政投融資」はなくなったが、国債を経て行き着く先は同じになっています。そのため便宜上、この言葉を使います）というところに集められます。そのおカネはどこに使われているかというと、ダム、河口堰、原子力発電所、再処理工場、空港、高速道路、リゾート開発、スーパー林道などです。つまり、環境破壊に関わる事業の資金源となっているわけですね。九州や海外にもある「水がたまらない」ダムの資金も、六ケ所村の再処理工場への資金もここから出ています。

例えば、私たちが六ケ所村再処理工場に反対しているとします。一方でおカネを郵便貯金に預けていたとする。そうすると、預けたおカネは意志とは関係なく工場に投じられてしまうんです。反対をしているのに、貯金という形で資金を与えることになるわけです。資金が止まらなければ、もし六ケ所村の工場を止めさせることができたとしても、別の場所に新たな工場が建ってしまいかねない。そこにおカネがある限り、永遠のもぐらたたきゲームをやらされることになります。再処理工場を本当に止めさせるためには、郵便貯金を止めるしかありません。

歴史をたどると、もっとすごいことがわかってきます。日本がアジアへの侵略戦争をしたときの戦争資金のうち、8分の1が税金から、残りの8分の7はなんと郵便貯金を使いました。人々から小口で集めたカネを、富国強兵の資金に使っていたからです。

当時はさらに「外地郵便貯金」と「軍事郵便貯金」というものがあり、戦略したアジアの植民地の人たちに強制的に貯金をさせました。そのお金はアジアの人たちに、未だに返却されていません。２０００万人（東京都の人口の約1・5倍！）の口座がまだ残されたままになっています。しかも、その郵便貯金は戦後破綻し、6カ月間封鎖された後に一律3分の1ずつカットされました。しかも、その6カ月の間に物価は6倍上がりました。ということは、一番ラッキーな人で、価値としては元金の18分の2しか戻ってこなかったというわけです。封鎖後も下ろせる額は少ない額しか認められなかったので多くの人は放置しました。

しかし、戦後10年間で、物価は３００倍に上がるのです。その時点では、９００分の2しか戻ってこなかったことになります。９００万円貯金をしていた人も、2万円もらって終わり、というのが実際の歴史です。これでは郵便貯金の「安全・

確実・有利」といううたい文句もどこへやらです。

3章……………2

今も戦争を支える私たちの貯金

米国債から流れる戦費

よく「日本はアメリカとの貿易ですごい黒字で儲けているのだから、アメリカに返すのは当たり前なのだ」と言われることがあります。しかし、実際のデータを見てみると、1984年からの3年間以外は、貿易黒字額より日本が米国債を買っている額の方がはるかに大きいんです。2007年にサブプライム問題が起こって、世界は非常にショックな状態になっているわけですが、相変わらず日本はアメリカの国債を買い続けています。しかしその後、中国が米国債を急激に買い占め、

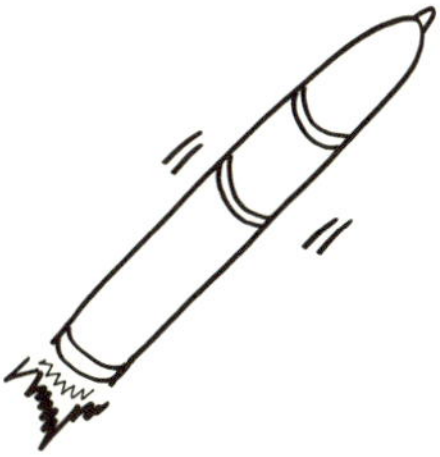

2010年現在、中国が世界一米国債を買っています。中国がドルを売り払ってしまったらアメリカは崩壊してしまいます。オバマ政権になった途端、クリントンを中国に送ったことでもうなずけますね。

しかし、日本がアメリカの国債を買ってきた経緯を見てみると、2001年の9・11事件がポイントになっています。それまで米国債の購入額は減っていたのに、9・11事件から買う額を増やそうと決心をしたようです。そして、2003年3月のイラク侵略から急激に米国債の購入額が増え、それは2004年9月のファルージャの大虐殺まで続いています。これを月々で見てみると、アメリカのイラク戦争費用の9割に匹敵する額を毎月購入していたことになります。

2008年12月、パレスチナのガザ地区に突然イスラエル軍が空爆を開始しました。パレスチナ側の総死者数は1417人、うち926人が民間人です（パレスチナ人権センター報告／2009年3月）。パレスチナのハマスがロケット弾を飛ばすから防衛だ、というのがイスラエルの言い分です。しかしそのロケット弾の被害で、この50年間で亡くなったのは5人です。例えば、もし福岡市に50年間で5人殺した犯罪者がいたとしたら、みなさんは福岡市を空爆しますか？　普通はそんなことはしませんね。ところがこのロケット弾に対する報復が、１４００人を超える殺戮です。これはどう考えても過剰防衛です。ところが、日本ではこれを「けんか両成敗」と報道しています。どう考えてもおかしい。

ここにも私たちのおカネが関わっています。イスラエルという国に最も援助をしているのはアメリカです。ＯＤＡ（Official Development Assistance ＝政府開発援助）の対象国といえば、援助する必要がある貧しい国をイメージしますね。ところがアメリカが一番援助をしている相手国はイスラエルなのです。しかも軍事援助です。アメリカ自体は貿易赤字で財政赤字。カネがないんです。国債をほかの国に売って、資金を集めて援助資金を出しています。その国債を日本が買っているのですから、「私たちのおカネが使われている」ということです。

具体的には、私たちの郵便貯金や銀行預金などから政府の発行する短期国債（１

年以内で返済される国の発行する債券）が買われ、その資金で政府は米国債を買っているからです。アメリカはそれで得た資金で、軍事援助をしている。つまり、パレスチナへの爆撃も私たちのおカネのおかげで実行できたという構造になっているのです。これが、私たちのおカネが引き起こしている現実です。

3章……………3

砂の城、ドル王国

打ち出の小槌から出た紙くず

かつてのアメリカの暮らしは豊かさの象徴でした。しかし、その豊かさはどうやって生まれたのでしょうか。

1971年にニクソン・ショックが起こりました。年配の方は覚えていらっしゃると思いますが、それまでは1ドル360円という固定為替相場制でした。そして当時は、ブレトン・ウッズ体制下にあり、常にドルは金と交換可能でした。アメリカにドル札を持って行くと、アメリカは必ずそれに応じた金を返さなければいけなかったんです。しかし、その頃のアメリカはベトナム戦争にカネを使いすぎた上に景気過熱が輸入を増加させたため、価値の高いドルを維持できなくなっていました。ドル暴落の不安があると、各国はドルを金に変えたがりますから、どんどん金を失っていきました。ドルを切り下げなければどうにもならない中で、ブレトン・ウッズ体制が邪魔になったのです。そこでニクソンは、ドルと金が交換できる兌換紙幣であることをやめ、同時に固定為替相場制をやめたのです。これがニクソン・ショックと呼ばれる、アメリカの地位低下の象徴的な事件でした。

しかし逆にアメリカは、金の量に縛られる兌換紙幣でなくなったのですから、自由自在にドル札を発行できるようになりました。さあ、ここからです。

1971年時点と今のドル札発行数を比べると、約20倍です。そのドル札を日本に持ってきて「トヨタさん、セルシオ1台ください」と言ったら、当然売りますね。中東に行って「石油ください」と言ったら、当然売りますね。ドルが基本になっているから、ドルだけは崩壊しないという神話に寄りかかってやりたい放題し続けてきた。打ち出の小槌から出た紙くずを持っていくだけで、世界をタダ取りしました。これが豊かなアメリカの正体でした。

ところがやり過ぎました。カネを発行しすぎていたけれど、「金融」というジャンルがこれを吸収し続けていれば問題は見えません。しかし、いよいよサブプライム問題が発生し、金融が縮小を余儀なくされたのです。金融部門が抱えていたドルが市場に溢れ、ドルへの不信感が高まって価値が急落しました。もともと1971年の時点と比較すれば20倍発行したのですから、360円の20分の1、すなわち1ドル18円でもおかしくない状況になります。

「ドルが回復すれば経済は上向く」とよく聞きますが、どうも信用できません。ただ、みんなが信じればその通りになるので、理論通りにはならないのですが。でもどっちにしろアメリカが没落していくのは、間違いない事実だと思っています。

3章……………4

基地がなくなると誰が困る？

当たり前のことが言えない日本

アメリカは軍事費削減のために、世界中から撤収しようとしています。なぜ、日本の沖縄に基地が残っているのでしょうか。日本は、「思いやり予算」という措置で、毎年アメリカに2000億円をプレゼントしているんです。日本の基地をグアムに移転することになれば、7000億円をタダでプレゼントすることになります。こんな気前のいい国はありません。この気前の良さが基地を引き寄せているのです。「思いやり予算」をなくせば、米軍基地は存続するとは思えません。

よくアメリカ軍がいなくなると沖縄経済が存続できないと言いますが、計算してみましょう。まずは基地の雇用ですが、約8500人で約500億円、次に土地を基地に貸している地代収入が約800億円、さらに米兵とその家族が使う消費が約500億円で、合計1800億円です。しかし軍用地代800億円は日本政府が支出していますし、さらに思いやり予算が2000億円あるのですから、合計2800億円です。つまり国内の政府と沖縄との収支で考えれば、基地がなくても収支は黒字になります。国内から支出されて国内に届けるのですから、つまるところ国内問題なのです。米軍を入れて考えるから国際問題に見えるだけです。

基地を撤去した後の日本の安全は？と心配する人もいるかもしれません。しかし、アメリカの基地を全部追い出した国があります。南米エクアドルです。当然アメリカは怒りました。「なんで俺の基地を置かせないのだ！」と。そこでエクアドルの大統領は言いました。「じゃあ分かった。全部置かせる代わりに条件をつけよう。わが国に置いているアメリカ基地と同じだけ、アメリカ国内にエクアドル政府の基地を置かせてくれ」と。

これが対等な国同士の当たり前の論理です。明治期の不平等条約でない限り、普通はそういうものです。しかし、アメリカ国内には、他国の軍隊をおかせていないですね。こうしてエクアドルは、アメリカの基地を撤収させました。だからといって、エクアドルがハリネズミのように軍事を増強したか、というとそうではありません。戦争以前に外交努力をすることで、戦争を未然に防ぐことの方が重要だからです。

3章……………5

放っておけない真実

たわわに実ったバナナ畑の脇で…

日本は、日本人が食べる分の作付けのために、国内に存在する農地の約3倍の農地を海外に確保しています。その国では、自分たちの生産する土地が奪われてしまって、自分たちの食べるものを作ることができない。これを「飢餓輸出」と呼んでいます。

例えば、ぼくが行ったフィリピンのミンダオ島。この島の土地は肥沃で豊かです。しかし先住民の島と呼ばれているのに今なお彼らは貧しく、飢餓によって多くの人が亡くなっていきます。彼らはたわわに実ったバナナ畑やパイナップル畑の脇で死んでいくのです。なぜでしょうか。

フィリピンのような途上国は、先進国に借金をしています。元本なら、もうとっ

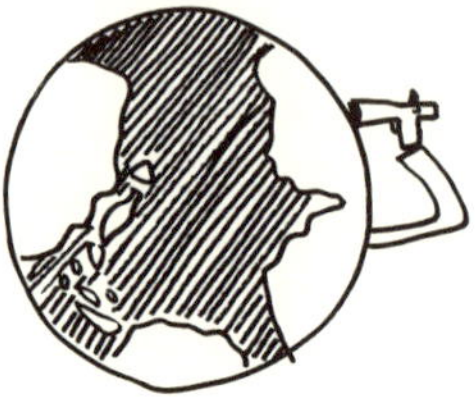

くに返済は終わっているのですが、金利が金利を生んで、永遠に返し終わることがありません。ひところのサラ金のような事態です。しかもフィリピンが日本から最大の援助を受けていたマルコス政権時代に、マルコスは50～100億ドルも私財を肥やしたのです（世界銀行発行の「汚職指導者番付」より）。しかし途上国には破産の権利もなければ、免除もめったに認められません。しかも途上国は、その国の通貨で返済はできません。必ず外貨で返済しなければならないんです。しかし外貨を作るためには、何かを輸出しなければ得られない。そのために選ばれたのがバナナやパイナップルだったのです。今やミンダナオ島の平地部分は、ほとんどがバナナ畑かパイナップル畑。先住民の人たちは、傾斜地に斜めになって暮らしている。学校もない。病院もない。だからつまらない病気で死んでいく。世界の貧しい国で3秒に1人の子どもが死んでいくのは、この借金（債務）が問題だったのです。子どもたちを救いたいのだったら、まずは債務を免除してやることが重要なんです。

実は、途上国に世界で一番カネを貸し付けているのが、私たちの日本です。

2005年に「ほっとけない世界の貧しさ」と呼びかけ、「ホワイトバンド運動」が広がりましたが、そもそも貧しい国を日本が放っておいてくれていたら、それらの国は貧しくならなかった。元凶の日本が、「放っておけない」なんて言っていたわけです。

もしこの巨額の途上国の債務を軍事費を使って免除したらどうなるでしょう。さらに世界中の兵器を廃絶し、飢えている国の人に食料を届け、地雷を撤去し、その他もろもろの支援費用に軍事費を使ったとしたら。

実は、世界が使っている軍事費をこれらに使うと、たった1年分でおつりがくるのです。しかも軍事が排出する二酸化炭素の排出量は、世界各国の第五位か第六位に常にいます。私たちは、この軍事によって滅ぼされようとしているのです。

今の地球は、まるで「お互いに助け合うことだけはやめよう。殺し合おう。みんなで滅びよう」という決心をした自殺の惑星のようです。小さな点では正しいことをしているはずなのに、全部合わせてみたら大きな間違いになっていることがときどきあります。例えば、「隣の国が攻めてくるかもしれないから軍備を」。正しいですね。さらに「隣の国の軍備の方が強いかもしれないから、軍備の増強を」。正しいですね。ところがその正しいことをやっているつもりなのに、自殺の惑星に向かっているわけです。

みんなで生き延びたければ、発想を逆から考えないといけません。地球サイズから考えたら、お互いにテーブルに向き合って話し合いをしよう、絶対に武力に頼らない、外交努力で解決しようとしなければならないのです。

クラスター爆弾

利子が良ければ子どもは犠牲？

クラスター爆弾って知っていますか？ 今、一番世界の子どもを殺している爆弾です。これは兵隊を殺しません。被害者の９８％が一般人で、その約３割が子どもなのですから。世界で最も効率的に子どもを殺しているのがクラスター爆弾です。「クラスター」というのは「塊」の意味で、上空で２００個ほどの小爆弾にわかれて降り注ぎます。小さな一つひとつの爆弾が固い金属片を周囲５００メートルに飛び散らせます。それで肉をえぐったり、頭の中に入り込んで植物人間のようにしてしまうのです。しかもクラスター爆弾の約２割は不発弾になって、そこで地雷のように被害者を待ち続けます。だから子どもの被害が多いのです。

このクラスター爆弾を主に作っているのは、アメリカのロッキード社などの軍需

企業です。ヨーロッパには、「クラスター爆弾を作っている企業に融資してはいけない」と国会で決議した国もあります。儲かる話ですが、融資ができない形になっています。イスラム教は、そもそも兵器に融資できません。そんな中、全く制限がないのが日本。その結果、日本の三大メガバンクが、クラスター爆弾を作っている企業に世界で一番融資していました。「将来の暮らしを守る」つもりで預けたおカネが、知らぬ間に世界中の子どもを攻撃することにつながっていたのです。

世界の市民運動は、クラスター爆弾を禁止させようと条約作りを進めました。その頃に「A SEED JAPAN」という若者のNGOの中の「エコ貯金プロジェクト」が、三大メガバンクに公開質問状を出しました。しかし、その項目に対しては無回答でした。2009年9月に再度送りました。「今後検討する」と返信がありました。その後、ついに条約が締結されると、2010年10月には、全国銀行協会が、「クラスター爆弾への融資を禁止する通達」を出すに至りました。

市民の力は小さなものです。ですが無力ではなく「微力」なのです。その微力を効果的に、もしくは結集することができれば、こんな現実を引き出すこともできるのです。

3章……………7

農業の自由化反対？　賛成？

信用すると自由化される

農業の貿易自由化に賛成ですか？　反対ですか？　ぼくはすでに述べたとおり、経済のグローバリゼーションは正当ではないので反対です。農協も反対していますね。「だから」ということで農協（JAバンク）に貯金したとしましょう。するとそのおカネは農林中央金庫に集められます。農林中央金庫はその資金でみずほ証券を経由して、世界銀行の債券を買っています。世界銀行は最も世界で信用が高いせいでしょう。安全だからと投資されます。

ところが世界銀行は何をしているところかというと、「世界の農業の自由化を進めている」ところなのです。これでは「農業自由化に反対して農協に貯金すると、もれなく農業の自由化がプレゼントされる」という構造になってしまうのです。

私たちが口で言ったり、祈ったりしたことは現実にはなりません。未来は、お金をどこに預けたか、どう使ったか、どう稼いだかによって決まるものなのです。

4章

おカネの使い方を変えるには?

4章……………1

ナナメの方向

複利でない、市民の非営利バンク

さて、「じゃ、どうしていったらいいのだろう」と考えたとき、私たちにできることには、三つの方向があります。一つはタテ。自分が政治家になるなり、政治家に影響を及ぼすなりして、社会を下から上に、上から下に替えていく方法です。もう一つはヨコですね。いろんな人に伝えることでムーブメントを起こそうという方向です。従来はこのタテとヨコだけを考えてきたのですが、もう一つあります。それがナナメの方向です。全く別の仕組みを考えて、実際に新しいやり方をやってみせる方向です。このナナメの方向は、日本語で言うなら「第三の道」、英語で言うなら「オルタナティブ」です。このナナメの解決策は、これまでの日本ではあまりされてこなかったように思います。この「タテ、ヨコ、ナナメ」が、どれも同じく

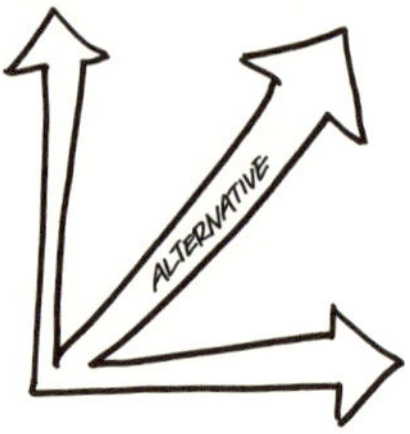

らいできるようになることが必要だと思います。

1994年、おカネのことを気にしていた私たちは、ナナメの方向として「未来バンク」というものを作りました。市民が自分たちで出資し、自分たちが望む方向にだけ融資する非営利のバンクです。その当時、たった7人で、合計400万円集めただけですから、周りじゅうからすぐつぶれると言われました。私たちも「つぶれるだろうな」と思ってやっていたのですが、意外なことに今も続いていて、現在約2億円の出資額があります。これまでに9億円以上の融資をしました。貸し倒れは今のところゼロ。ただ返済が滞っているものは数件あります。けれども、その人たちは未来バンクにだけはきちんと返そうと、努力をしてくれています。事業が失敗してしまったのに、一生懸命それでも返済を続けてくれています。私たちも金儲けのためのバンクでありませんから、事業が失敗してしまったものには金利を掛けていません。きっといつかは返済が終わるでしょう。

私たち未来バンクが融資の対象にしているのは、環境にいいことか、福祉か、市民が社会を作ろうとするような市民事業にだけです。金利は2％の固定、単利で融資をします。金利に金利がつくものを複利といいますが、私たちの融資は金利には金利がつかないので単利です。私たちは単利でしか融資しません。というのは、単利の融資なら元本にしか金利がかからないので金利は足し算でしか増えませんが、複利の計算だと乗数カーブで増えてしまうからです。今の経済は、ＧＤＰ（国内総生産：Gross Domestic Product）も対前年比で計算しますから、複利計算になります。複利計算で進めると、経済は必ず乗数カーブで上がっていくことになります。しかし一方の生産活動は、農業でも、工業でも、必ず最終的には単利のカーブになります。なぜなら世界が有限だからです。1年を５００日にしたいといっても無理です。降水量をもっと増やしたいといっても、日照時間をもっと増やしたいといっても無理です。私たちが生きているこの世界は有限なのです。有限の社会では、最終的には必ず単利でしか伸びなくなります。一時的には複利のように伸びますが。

ところが経済は机上の論理ですから複利になっています。複利でカネを借りるのに、単利でしか生産が増えないから、どんどん借金ばかりがかさんでいって、追いつかなくなっていく。だから現在の経済は、必ず破綻します。持続可能な形になっていないのです。それが証拠に、国家通貨は100年以上保つことは稀です。おおむね100年以内に破綻しています。持続できない経済になっている理由はここにあります。だから私たちは、単利の融資をするのです。

わたしは単利の融資を進めていけば、いずれ社会全体が単利になると思っています。なぜかというと、皆さんが借金するとき、両方あったらどっちから借りたいですか。必ず単利の方を選ぶでしょう？ 企業だってもちろん単利を選びます。だから、単利の融資が増えれば、単利の社会に変わると考えているのです。そうなれば、無理にでも毎年事業規模を拡大しつづけなければならない、なんてことはなくなります。持続可能な社会にするためには、金利が持続可能な形でなければダメなのです。サラ金のような複利で高金利なところから金を借りて、返済しつづけていくことはできないのです。金利が20％だとして、それを払い続けるためには、毎年その企業なり、個人なりの収入が20％ずつ上がっていかない限り無理なのですから。しかも返済が遅れれば、金利に金利が雪だるま式に増えてしまうのですから、それは無理な相談だと思います。

4章……………2

広がるＮＰＯバンク

おカネの地産地消

私たちの未来バンクは１９９４年に始めましたが、２０００年頃になると、同じようなバンクがあちこちにどんどん生まれてくるようになりました。２０１０年には、福岡県に「もやいバンク福岡」*が生まれました。すでに立ち上げられたＮＰＯバンクは、全国各地に約20軒もあります。さらに熊本県、宮崎県、福島県、和歌山

＊「もやいバンク福岡」HP
http://moyai-bank.org/

県、富山県など、全国各地でＮＰＯバンクが作られようとしています。

いまや、全国ほとんどすべての都道府県でＮＰＯバンクが作られようとしています。未来バンクが最初なんだから、未来バンクが大きくなればいいじゃないかと思うかもしれない。でもそれではダメなんです。各地にＮＰＯバンクが生まれないと。

たとえば皆さん方が郵便貯金に貯金しても、農協に預けても、銀行に預けても、それらのおカネの使い道を決めるのは必ず東京になります。みなさんがそのおカネを使うことができるのは、公共事業を引っ張ってきたときだけ。しかもこれまでの公共事業では環境を破壊し、経済をダメにし、赤字を残してつぶれて消えていってしまいます。残るのは借金だけです。地域で巨額の公共事業が行われるとしたら、みなさんは考えつきませんか？「もっと少ない資金で、もっと効果的に雇用を生めるような仕組み」。おそらく考えつくだろうと思うのです。みなさんがそのおカネの使い道の決定権を放棄し、東京に決定権を委ねてしまったことに問題がありま す。実際には、地方の人の方が東京の人よりむしろ貯金の額というのは多いのです。

しかもやっとの思いで公共事業をもってきても、元請けはほとんど東京のゼネコンです。孫請けぐらいのところにやっと地域の事業者が入れるというレベルですね。公共事業が悪いのではなくて、環境破壊的で巨大すぎることが問題なのです。

　同じ借金になるのだったら、自分たちで使い道を決めたらどうでしょう。ぼくはおカネは、絶対に地域分散するべきだと思っています。おカネは必ず地域に残しておくべきです。おカネがもし自分たちの手元にあって、そこで融資なり、投資なりされると、そこには必ず雇用が生まれます。雇用された人は何か食べる必要があるので、必ず生産を必要とします。つまり、経済循環を生み出す最初の一撃は、「地域がカネを持っていたかどうか」で決まるのです。だから地域の中におカネを残す。自分たちの地域に資金を残すことは、どうしても必要なことだと思っています。だから、未来バンクは大きくなるのではなくて、各地域にバンクを作ろうとする人がいるならそこに協力するのです。

4章……………3

脱! 東京まかせ

地域に資産を残す方法

地域の中にお金を残すとどんなことができるか。これは東京都の足立区の「アモール東和」、東和商店街のやったことを紹介したいと思います。私たちがお金に関わるのは3つの場面です。「どう稼ぐか」「どこに貯金するか」「どこで何を買うか」ですね。「働く」「貯金する」「買う」、この3つです。

東和商店街は、学校給食が民営化されるときに「自分たちの商店街に学校給食を作らせてくれ」と申し出ました。そこから進めて、現在30数校の学校給食を受託しています。その食材やさまざまな消耗品などは、すべて自分たちの商店街から買います。しかも、買い叩いたりしないんです。その商店街は閑散とした商店街なのに、店がつぶれないんです。地下水脈のようにお金が流れるからです。給食の受託で地域の商店街を生かすことに成功しました。

もう一つあります。東和商店街の代表の方は同時に連合商店街の会長でした。足立区が出していた敬老給付金、毎年5000円出されていました。それを地域の「地域商店街共通商品券」に代えてくれないかと申し出たのです。商品券にする代わり、1割上乗せして、5500円分にしたそうです。これによって足立区内の地域の小さな商店街から出ていかない資金を作り出しました。地域の商店街に回るようになった金額は、毎年4億円です。4億円が地域の中に回るようになれば当然、その分だけ地域は活性化しますよね。

そのように、地域の中でおカネが回る仕組みを考えることはとても大切です。なぜなら地域経済が活性化しているときは、必ずモノやサービスが回転しています。そのときには必ず逆方向におカネが回るのです。地域経済の活性化の程度は、「地域の資金量×回転数」で決まるのです。しかも「円」と「共通商品券」があったら、人々はまず先に「共通商品券」から使いますね。他の地域では使えませんから。そうすると回転数が高まります。不安定な通貨は回転数を高めるのです。

でも一割多めに支払ったら損しそうですね。でもみなさんの自宅の引き出しや本棚を探してみてください。きっと商品券が見つかるはずです。一割以上が死蔵されています。見た目にきれいな切手やカード類では半分しか使われていません。死蔵されるもののほうが多いから、多めに発行しても損にならないんです。

国が保障する生活保護費にすら地域の自治体の負担があるのですから、自治体がその分を「地域商店街の共通商品券」で出してもいいはずです。一割多い共通商品券と選択制にして。そう考えたら、もっとたくさんの資金を地域内に回すことができるはずです。買うときに、東京資本の巨大店舗に出かけてしまえばおカネは東京に行ってしまいます。でも地域に残せば地域を活性化させるのです。

買うのはイメージできますが、しかし自分たちで事業を立ち上げるのは難しいように感じます。でも、こう考えてみてください。ここに大酒飲みが10人いたとします。その人たちは収入の10%を飲み屋で使っているとします。そうであれば、その10人が集まって飲み屋さんを一軒つくればいいんです。10分の1の収入×10人分ということは一人分の収入になりますね。その地域内の雇用が一人分増えるということになります。自分たちがおカネをどこで使ったかによって、自分たちが食える分が増えるのです。それをみすみす東京から来ている資本に渡してはいけません。

貯金も非営利が好きだったら労働金庫があるし、地域に回したいと思うなら信用金庫や信用組合があります。信用金庫・信用組合は地域にしか貸すことができないから、地域経済の活性化につながります。ただし、現時点では預貸率が低いことが問題です。預金として預かった額の半分程度しか貸し出していません。以前に金融庁から「それは土地担保がないから不良債権、これも不良債権」とされ、どんどん吸収合併させられた経験がありますから、怖くて貸せないのです。本当は信用金庫・信用組合こそ、地域金融の中心になるべきです。私たちは自分のおカネを銀行や郵便局に渡すのではなく、「私のお金はこういうところに使いたい」と、お金に意志を持たせることが大事です。

4章……………4

ap bankの誕生

ギブアンドテイクから、ギフトアンドレシーブへ

ＮＰＯバンクの中で一番有名なのは、Mr.Childrenの桜井和寿さん、音楽プロデューサーの小林武史さん、音楽家の坂本龍一さんが出資して立ち上げた「ap bank」でしょう。この活動がはじまったきっかけは、彼らが行っていた自然エネルギー促進プロジェクト「Artists' Power」の勉強会でした。ぼくもその会の講師の一人として招かれました。桜井さんや小林さんは、実は目立つことが好きではない人たちなんです。そのときも「できれば他の人たちをそっと後ろから支えられるようなことをやりたい」と言っていました。そこでぼくは、「それならバンクをやればいいじゃない」と気楽に言ったのです。

櫻井（個人ではこちらの字を使っています）さんはちょうどそのころ病気から回

復したばかりで、人知れず悩んでいました。彼は知っての通り有名なミュージシャンで、ものすごく売れています。ところが、彼の言葉を借りるとこう考えていたのです。

「僕は人並みには努力したと思うし、人並みには苦労したと思う。でも、人並み外れたお金を稼ぐようになってしまった。こんなことを続けていたら、いずれ罰が当たる」と。その矢先に脳の病気になったので、「そら見たことか、やっぱり罰が当たったんだ」と感じたそうです。音楽が大好きでミュージシャンになったのに、彼はおカネが儲かりすぎることに罪悪感を感じて、音楽をやることが嫌になりかけていたのです。

しかし櫻井さんと小林さんは話し合って、ap bank を立ち上げました。それを始めたことで、彼は変わりました。

「ファンの人たちが出してくれたおカネを、ap bank から融資すれば人々に還元できる、しかも未来の可能性を示しながら」。櫻井さんはそれまで、一度も自分の

CDを「買ってくれ」と言ったことがなかったそうです。「聴いてくれ」と言うことはあっても。しかしap bankを支えるバンド、「BANK BAND」でCDを出したとき、彼は初めて「買ってください」と言いました。「この利益はap bankの融資資金になります、ぼくの懐には入りません」と。

ap bankはたった1％の単利、固定金利という極めて低い金利で融資をしています。年間1億円を融資しても、利益はたった100万円、つまり人件費にもならない。その損失分を補うために、「ap bank fes」という音楽イベントを始めました。一流のミュージシャンが、手弁当で参加しています。3日間で約8万5千人が集まり、それが融資の原資になって活動を支えています。

櫻井さんは新たな可能性を感じたのでしょう。その後はとてもポジティブに活動しています。大好きな音楽を、おカネと無関係に楽しむようになりました。彼は「ギフト」という言葉に特別な思い入れを持っています。ぼくはこう思うんです。世間では、よく「ギブアンドテイク」と言います。日本語に訳すと「やるからよこせ」

ですね。でも同じことなのに、逆の方法もあるんです。「あなたに差し上げたい、どうか受け取ってほしい」と、「ありがとう、あなたの思いを受け止めます」という関係です。いうならば「ギフト・アンド・レシーブ」です。その循環に入れば、きっと彼のように良循環の中で生きていくこともできるのだと思います。

4章……………5

融資先がつくる可能性

緑の点を増やすこと

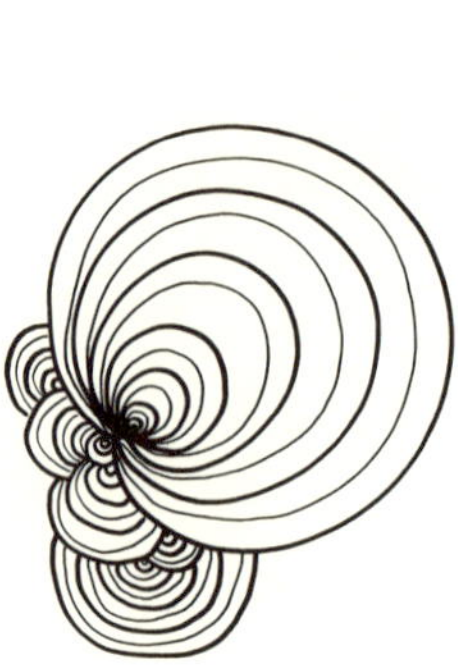

ap bank の融資先は日本全国にあります。その一つに埼玉県比企郡小川町にある、「NPOふうど」*が進めたバイオガスのプラントがあります。まず、地域の団地から生ごみを集め、それを空気に触れない形で微生物に分解させます。空気に触れな

＊「NPO ふうど」HP
http://www.foodo.org/

いところで微生物が分解すると、メタンガス発酵します。メタンガスは別名「都市ガス」、燃えるガスが取れます。これをバイオガスと呼んでいます。残った生ごみ由来の液体は、すっかり臭くなくなって液体状の堆肥、つまり「液肥」になります。これを地域の有機農家に販売しています。そこから作られたコメや大豆を、「液肥米」「液肥豆腐」として、ブランドづけして販売しています。ここがバイオガスプラントを作ろうとしたときに、ap bank が融資したのです。

しかし、それだけに終わりませんでした。2010年の環境自治体会議の会場となった福岡県大木町は、以前はし尿を海に捨てていました。ところがロンドン条約で禁止され、困っていました。そこで見学に訪ねたのが「NPOふうど」でした。そのやり方を見て自信をつけ、大きなバイオガスプラントを建てました。しかし、し尿だけではもったいないので、町内に呼びかけて、生ごみを回収してバイオガスプラントに入れることにしました。町内の人たちも役場の人たちと一緒になって進めていき、生ごみを回収しました。その結果、ごみの量が実に44%も減ったのです。

それだけではありません。普通肥料の認定を受け、周辺の農家にタダで液肥を配ったのです。そもそもは迷惑施設です。ところがここでは誰も問題にしません。それどころか、「なぜ私たちの地域に建ててくれなかったのか」と逆の苦情が届くほどです。「誘致したくなる迷惑施設」にしたのです。

もちろん大木町の職員や町長が立派だったことも事実ですし、町内の役場との連帯感にも目をみはるものがあります。しかし、最初に小川町の「NPOふうど」が実現していたことも大きな要因でした。つまり市民の小さな活動が小さな緑の点になり、それが次の緑の点となって飛び火したのです。小さな活動だからダメ、ではありません。小さな可能性を示したことが次の点につながったのです。一面を緑にしたいと考えたとき、例えば法律で上から強制するみたいに一気に緑のペンキで塗ってしまえと考える人もいます。しかし、小さな緑の点をたくさん増やすことでも、一面を緑にすることができるのです。

大木町は今、ゼロウエイスト（ごみゼロ）をめざして試行錯誤を続けています。

4章……6

おカネに使われない

自分たちの経済を作る

3%

　これまで私たちは、残念ながらおカネに使われてきました。しかし本来、おカネは使うものです。単なる手段であるはずのおカネが、いつの間にか人生の目的になってしまったのです。それでは主客転倒です。私たちはおカネで動かされるのではなく、おカネの主人になるべきです。

　NPOバンクは、自分たちが伸ばしたいと思う事業に融資することで、自分たちの意志で地域の経済にコミットします。地域経済の仕組みの一部を、コントロールすることもできるのです。

　未来バンクの金利は3％でした。この内訳は簡単です。振込料などの経費が1％、そして100人に融資したら、そのうち2人くらいは返せない人が出てくるだろう、ということでその引き当てが2%。合計で3%でした。しかしその後はみんな返済をきちんとしてくれるので、2%に下げました。メンバーは全員、仕事を持つ傍らで夜にしていますから人件費は払いません。大きくなるのではなく、逆に人件費なしに続けられる最大サイズまでしか大きくならないようにしています。

しかし、万が一のときのためには保証人を取りますし、審査も決してやさしくはありません。しかしお互いがお互いを信じ合い、返済がきちんとなされたから金利を下げられたのです。金利を二桁も取るような銀行から借りていてはダメです。現時点で経済成長率はたった1%ですから、その事業が二桁も成長するんだなんてあり得ません。そんな無理をしなくても社会を成り立たせられる仕組みを、自分たちで作ればいいのです。

まずは自分が住む地域を見直してみましょう。地域は今、国から公共事業をもらうことばかりに躍起になっている。そうやって国に頼ってばかりではなく、自分たちの経済を自分たちでつくる地域のモデルが、どんどんできればいいと思っています。たとえば鹿児島の「えこふぁーむ」に融資したのもap bankでした。地域の古民家再生や地域の名産品の開発や、未利用だった資源の利用、世界一効率の高い木質ペレットのストーブ開発など、地域を生かす試みを支えているのが、地域の人々のつくるNPOバンクなのです。

4章……………7

時間差が問題

将来の人につけ回しをする構造

サブプライム問題が起こり、株価は落ちて、みんな大損しました。「儲けたやつを捕まえて吐き出させよう!」なんて考えるわけですが、今の時点で儲けている人はすでにいません。なぜなら、たとえば株価で言えば、大きく上がってから下がっ

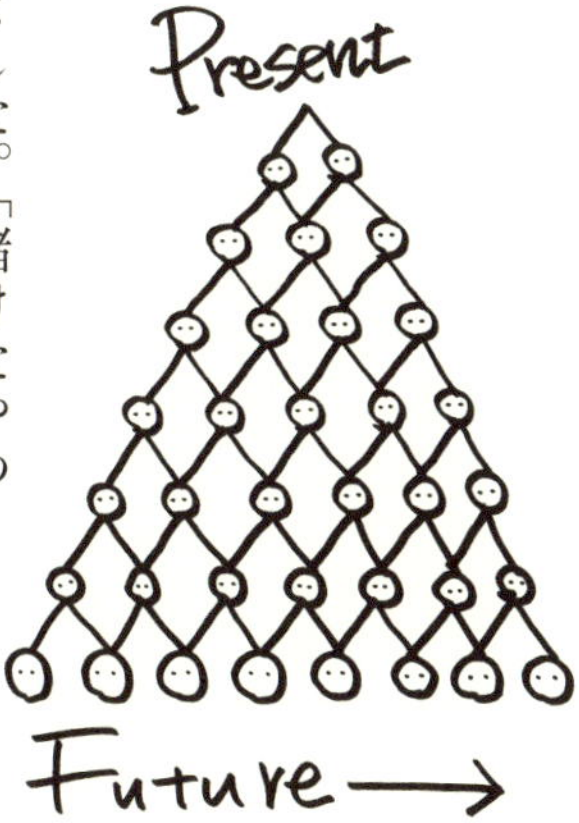

たわけです。今、私たちの社会が損しているわけですが、儲けた人は株価が上がる時期にいたのです。つまり、過去の人間が大儲けをし、現在の私たちがその穴埋めをさせられているのです。でもこの構造、どこかで見たことがありますね。そう、これは今の経済そのものです。これまでの人たちが国の財政を破綻させるほど借金をして大盤振る舞いをし、今の私たちがそのツケを払わさせられるのです。これって環境問題も同じですね。これまでの人たちが環境を壊してまでものすごく豊かな暮らしをして、今の私たちがそのツケで滅ぼされかけているのですから。

2009年、定額給付金というものが出されました（旧政権の自民・公明党政権時代です）。経済対策と言っていましたが、結果的には、将来の国民が払うことになります。私たちがご機嫌にお酒を飲んで騒いだ分は、そのまま全部将来の人たちへのツケになっている。つまりおカネは、「時間差」を作り出すことができるんです。その時間差が、すべての問題を引き起こしているのではないでしょうか。現在、ヤシから取れる油を使ってバイオディーゼルを作っている企業は、優良企業と呼ばれています。ヤシを取るためには、山の熱帯林を全て丸裸にし、ガソリンをつけてあたり一面燃やし尽くしています。トウモロコシや大豆からバイオ燃料が作られ、人々の食べる分を失わせてまでクルマを走らせる。しかしそれらの作物は、過去数百万年かけて貯まった水を使って作られ、間もなく砂漠に戻ることになる。そうやって将来世代をだめにしながら金儲けをしている企業が、「優良」とされているのが今の世界なんです。

そうでない生き方もありました。ぼくがそれに気づいたのは木曽ヒノキの森を訪ねたときです。ヒノキは成長が遅くて、育つまでにスギの倍、つまり約100年かかります。それでも人々は土まで背負って山にヒノキを植えました。しかし考えてみてください。その彼らは、自分の植えたヒノキで得することがないのです。なぜなら100年以上生きられることはまずないからです。では何のために植えたのか。子孫のためです。そんな彼らはなぜ生きていられたのか。祖先が植えてくれたヒノキがあったからです。だから彼らは祖先を大切にしますよね。それは当然です。今生きていられるのは祖先がヒノキという財産を残してくれたからなのですから。
それと比べると、私たちは子孫から大切にされることをしているでしょうか。大切にされるようなことを何ひとつしていないのに、目上だから敬えなんて、無茶なわがままだと思いませんか？　私たちはやっぱり次の世代の人たちに敬われるようなことをすべきですね。おカネは、将来世代に社会資産を残すために使うべきです。自分や今の家族の目先の豊かさのためだけではなく。

4章……………8

林産地を守れる仕組みを

天然住宅の試み

家を建てる。これは人生の大きな目標であり、最大の買い物ですね。しかし、日

本で建てられている少し前の一般的な家の平均寿命はたった26年でした。男性が家を建てようとしてローンを組む平均年齢は34歳。つまり、60歳きっかりで家が壊れます。ちょうど定年ですから、退職金で家を建て直して、それがもう一度壊れるころに人生が終わる。男性の一生は、家一軒と大体バーター取引になっているのです。それに対してヨーロッパでは、数百年前に建てた住宅に人々が住んでいます。ずっと昔にローンは終わっているから、日本よりずっと収入が少なくても、ずっと豊かに暮らしています。

2008年、私は先述の「天然住宅」(P52、参照)という非営利の住宅会社を、エコ住宅を建て続けてきた設計士の相根昭典さんと立ち上げました。とにかく長く使える住宅でなければ意味がないですから、先に触れたように消耗品の部分以外は300年はもつ素材を使って、300年もつ住宅を目指しています。

住宅で一般的によく使われる木材に、米マツ、米ツガ、ホワイトウッドなどの輸入木材があります。これらは強度が高いのですが、シロアリの大好物なので、あっという間に食べられてしまいます。それを防ぐために人体に有害な化学物質が床下に撒かれます。ニュージーランド産のラジアダパインのベニヤ板も多用されます。屋外に放置した実験では、接着剤の強度が半分に落ちるのにたった5年です。ラワン材のような熱帯材でも15年です。そんな短命の住宅に、人生のほとんどの収入を投じているのです。一方、国産のヒバやヒノキをシロアリは嫌います。スギの赤身や黒芯と呼ばれる芯の部分なら、虫がほとんど寄り付きません。天然住宅で使う木材は全て国産。合成接着剤や化学物質、ベニヤ板や集成剤は使わず、プラスチック製品も可能な限り使わない。体と地球に悪いものや、長持ちしない素材は使いません。

見逃しがちなのが、基礎コンクリートです。一般的な家に使われるコンクリートは、水をジャバジャバ入れてあって（「シャブコン」と呼ばれます）、水の比率が高いので寿命が短い。だいたい50年です。「100年住宅」と銘打っていても、基礎が壊れたら詐欺ですね。天然住宅では50％以下しか水を入れないので、理論的には

300年以上もつことになります。

そうして建物の寿命が長くなれば、価値が減らなくなるかもしれません。欧米ではきちんと管理された住宅は、転売するときに価格が購入時よりも高くなります。一般的には100年建っても半分以上の価格で売れます。サブプライムローン問題で家を追い立てられた人たちは、大きな借金を背負ったとみなさん思いますよね。日本ではそうなりますから。ところがアメリカでは住宅に価値がありますから、彼らは家を明け渡せば借金はゼロに戻るのです。これを「ノンリコースローン」と言います。日本と違って、まだ救いがありますね。家を価値を失わないものにすべきです。そうすれば私たちも安心して家が建てられます。だって家を手放すときには払った資金が戻ってくるのですから。

4章……9

天然住宅バンクの設立

NPOバンクが役立つとき

しかし、いい住宅を造ろうと思うと、どうしても値段が高くなります。天然住宅は非営利ですから、余分な利益は求めない（給与は取ります。それは利益でなく経費です）のですが、それでも他のプレハブメーカーより少し高い程度の値段になってしまいます。どうやったらお金持ちではない人にも、いい家を届けることができるか。そこで、「天然住宅バンク」というＮＰＯバンクを立ち上げました。

まだ数件ですが、実際に融資を開始しています。まずは転居してきたときに買い替えることが多い家電製品に対する融資です。家庭内の光熱水費で最大なのは電気料金です。しかもその電気は、四天王だけで３分の２を消費しています。その四天王は、「エアコン、冷蔵庫、照明器具、テレビ」です。この４つだけで家庭の３分

の2の電気を消費します。しかし、そのときに省エネタイプを選べば、従来製品の半分以下で動きます。だからこの省エネ製品に買い替えるのであれば、全額融資します。数年で取り戻せますから。中でも大きいのは冷蔵庫。10年以上前のものと比べると、半分以下です! 照明器具は、白熱灯を蛍光灯にすると5分の1の電気料金で同じ明るさです。しかも8~10倍長持ちします。最近はLEDが伸びています。私の家で替えてみましたが、60ワットの明るさがたった3ワットです。従来の20分の1しか電気を食わないのです。

しかも蛍光灯と違って、本来LEDは電磁波が出ません(しかし電磁波が出るものもあるので注意!)。しかも寿命は普通に使っているなら20年以上もちます。発売当初は8000円でしたが、価格競争でいまや1500円台のものも出てきました。つまり、これらに融資するなら、数カ月で元を取り戻せるわけです。

次が断熱リフォームへの融資です。「断熱内窓」という商品を作りました。現在のアルミサッシの内側に、もうひとつ木製の窓をつけ加えます。アルミという素材は熱を伝えやすく、木材と比べると1800倍も外の熱を伝えてしまいます。実際にオフィスに導入してみました。多くのオフィスの光熱費のほとんどは冷暖房です。なかなか実際のデータは取れませんが、確実に減っています。朝1時間しか暖房を使わなくなっています。家庭にも導入しました。こちらは冬の間中、ほぼ暖房器を使わなくなっています。ここにも融資しています。数年の光熱費で元が取れますから。

またある方の住宅ローンで、ローンは下りることになったのに、建築途上の一時金に対するつなぎ融資が出なくなってしまいました。普通はこれで住宅は建てられなくなってしまいます。しかし天然住宅バンクからの融資によって解決できました。

バンクには融資ができます。そのおかげで一時的な負担を、長期的な利益で穴埋めすることができます。つまり、今払っている光熱費を続ける意志があるなら、必要なものを届けることができます。たとえば今なら太陽光発電を設置したいとして、金利を別にすれば、約10年間今の電気料金額を負担してくれると約束できれば、融資で今すぐ届けられます。一時的な支出を長年の支出に変えることで、将来に渡るトータルの支出額を減らすことができるのです。つまり負担と利益の間に時間差があるとき、その時間の差を埋めるのに使えるのが「融資」なのです。

また、バンクは保険にもなります。普通だったら泣く泣くあきらめなければならなかった住宅を、取得することができました。こんなことも可能になるのです。

4章……………10

天然住宅バンクを応用する

安心できる暮らしを自分たちで

人生最大の買い物は、実は家そのものではなく、家のローンです。この20年間の金利を見ると、上がり下がりしています。もし一番高かった時に固定金利で借りていたら、今ごろは破産しています。逆に今のような低い金利の時期に変動金利で借りてしまったら、上がったときに追いつけません。ですので、金利が高いときは変動、金利が安いときは固定、を選ぶのがいいことになります。低金利の今は、住宅部分だけですが、35年間固定金利の「フラット35」を選択するのがいいと思います。日本人の多くは短いローンを組みたがりますが、繰り上げ返済はできても、ローンを延ばすことは困難です。だから長く組んで、余裕があれば繰り上げ返済するのがお勧めです。そんなローンの相談も受けています。

さらに今、作ろうとしているのが、天然住宅の住宅認証を作って、認証を得ている長寿命の住宅を将来買い取ろうという仕組みです。たとえば普通の住宅なら30年ももちませんが、天然住宅ならまだ200年以上使えます。下取りできれば、トータルでは実質的な値下げと同じになります。仮に500万円で下取りするとしましょう。下取りなら30年後に払えばいいのですが、先払いすることもできますね。その人が売却時に他の人に売却するならその売却額から返済してもらえばいいし、もし天然住宅に売却するなら家を明け渡せばその５００万円の返済は不要にできます。実質的に５００万円の値引きと同じになりますね。

また逆のことも可能です。たとえば今の若い人たちの多くは、将来年金が受け取れるとは思っていません。だけど、老後が心配ですね。しかし、「リバース・モーゲージ」というのですが、その人が死ぬまではその住宅に住んでいたいが、死んでからは手放してもいいと考えていたなら、その人の住宅と土地の価値分を、年金として死ぬまで先払いする仕組みも可能です。亡くなったときには天然住宅がその土地と家を取得します。

つまり、家が資産になる仕組みを作り、自分たちでＮＰＯバンクを作っていけば、こんなことも可能になるのです。それを実現していくために、天然住宅バンクは今、出資を募っています。

「コモンズの森」の立ち上げ

NPOバンクが役立つとき

山を守るための出資の仕組みも作りました。天然住宅に木材を供給してくれている先述の栗駒木材という会社は余裕があるわけではないのに、260ヘクタールの広大な森を買いました。その森が、産業廃棄物によって埋められかけていたからです（P54、参照）。でも、この森を購入するためにした借金の返済が大変なのです。毎年の金利だけで、その地域の人件費2人分に匹敵します。そこで天然住宅バンクでは、100坪あたり5万円の出資をしてもらい、共有の森を作ろうとしています。「コモンズの森」です。実際の土地は100坪あたり1万円なのですが、天然住宅は出資してくれた人に、どんな時でも出資金の8割まで目的を問わず返済できるように、0％の金利を先払いする仕組みを作っています。つまり、出資してくれた人が、急な出費で出資を引き上げなければならなくなったとしても大丈夫なように、出資金の8割を残せる形で100坪、5万円にしているのです。残りの2割分で栗駒木材の買った森に融資をするのです。総額8000万円融資する予定です。金利は栗駒木材さんが山の手入れをしてくれている分と相殺して、0です。だから、栗駒木材さんは天然住宅バンクから融資を受けることで、毎年払っていた2人分の人件費に相当する金利を払わなくてすむようになるのです。しかもこのおカネは融資ですから、いずれ栗駒木材から天然住宅バンクに返済されてきます。その資金で次の山を「コモンズの森」にしていきたいのです。

全体の2割を8000万円にする予定ですから、全体では4億円集めることになります。それだけの資金が集まれば、先に述べたような仕組みもできますね。市民自身が自分たちの資金を持てば、こんなことも可能になるのです。

5章

つなぐ、つながる生き方とは?

5章……………1

生命保険はかけるほどいい？

将来の収入より、将来支出の削減を

人生一番の買い物は家のローンでしたが、二番目は生命保険です。「ずっと入院したらどうしよう。お金がなくなってしまうんじゃないか」という不安から、日本人の多くは生命保険に入り、一世帯平均で月額4万3千円も払っています。生命保険に掛けている額はそれほど大きいのです。

アメリカと比べると、日本の生命保険料は約4倍高いのです。しかし、よく考えてみてください。健康保険には「高額療養費」という制度があって、個人の負担は所得にもよりますが、年間約100万円以上の医療費はかからないようになっています。だから、100万円以上保証される保険をかけても、意味がないんです。

「では、2年以上入院せざるを得なくなった場合には？」と心配になるかもしれません。しかし、そこには「身体障害者」の基準があります。「必ずしも他人の助けを借りる必要はないが、日常生活が極めて困難で、労働による収入を得ることができない」という条件が「身体障害者の２級」です。該当すると医療費は無料になり、年金をちゃんと掛けていれば障害年金を受け取ることができるんです。「保険貧乏」という言葉があります。生活費の節約などのアドバイスをする人たちの間で使われる言葉です。どう考えても、今の日本人は保険の掛け過ぎだと思います。

一方で、世界一安い保険が日本にあります。それが県民共済や全労災などの共済保険です。掛け金から保険金を支払って、残りを割戻金として返しているから実費だけですみます。インターネットで販売する「ネット保険」も安いです。共済保険で同程度の保障を調べてみました。細かい点では異なるでしょうが、割戻金を含めて８５００円で足りました。

私たち天然住宅（詳細はP52、P１２８参照）は、保険の相談にものれます。あなたの場合、この保険についてはこのまま加入していた方がいいかもしれない、こっちは解約された方がいいかもしれないと、具体的にアドバイスします。最終的に本人の選択ですが、ほとんどの方が月額で2～3万円安くなるので、その分、家のローンに回せることになります。

保険に入るとき、みんなが期待するもう一つの内容があります。満期金です。生命保険は「掛け捨ての保険」に「貯蓄」が重なった商品なのです。しかし貯蓄するのなら、生命保険会社の運用は決して上手なほうではありません。ところが人々は「30年後の満期には1000万円もらえるからそれもいいかな」と考えるのです。しかし、よく考えてみてください。過去20年間の経済成長率は、平均3・7％です。経済成長率とインフレ率はほぼ一致すると考えると、それだけ支出も上がっていきます。今後、仮に3％の成長率で、同じくインフレが進むとしたら、現在の10万円の家賃は30年後、24万2千円になっています。その時点で1000万円受け取っても、41カ月分の家賃を払うとなくなってしまいます。あとはホームレスです。しかも、30年の間に払う家賃を合計してみると、5710万円になります。つまり家が買えます。家を買っていたら、家賃を払う必要もなかった。加えて生命保険料まで払っていたわけです。

はっきり言えることは、将来の収入を得ることよりも、将来の支出を減らした方が必ず得になるということです。

5章……………2

得して自給するエネルギー

融資を将来支出と交換する

実際に、前述した省エネ冷蔵庫に融資する方法を、東京、江戸川区の地域グループ「足元から地球温暖化を考える市民ネット・えどがわ（通称「足温ネット」）で実行しました。冷蔵庫を省エネ製品に買い替えたいけど、おカネがないという人に、

予め電気料金がいくら減るかを測定して計算した上で5年分貸します。計算すると軽く10万円超えるので、無利子で10万円融資する。本人はそれで省エネ型冷蔵庫を購入する。安くなる電気料金は厳密に計算しますが、10年以上古い冷蔵庫なら、大雑把に電気料金は毎年2万5千円くらい安くなります。そのうちの2万円を我々に返済してもらいます。5千円は自分のポケットに入れて、5年経てば返済終了です。冷蔵庫は平均12年使えるから、残り7年で2万5千円×7＝17・5万円得します。こうして「得しかしない」という仕組みが作れるんです。

同じ発想で考えてみましょう。太陽光発電はどんなに電気料金が上がっても、心配いりません。太陽光発電は最も高い自然エネルギーですから、ちゃんと他の自然エネルギーからの電気を買い取ってもらえるようになれば、もっと得する仕組みも作れます。雨水利用も得します。これまで水道代を払っていた部分を雨水に変えると、水道代だけでなく、下水道料金も減るからです。電気は省エネと自然エネルギーで将来像が見えてきます。

では暖房などのエネルギーはどうでしょう。まず重要なのは断熱です。常に「省エネの次に自然エネルギー」が儲かる鉄則ですから。天然住宅にお住まいの方々は、だいたい光熱費が半分に減っています。3分の1に減っている人もいます。その上で自然エネルギーを入れてはいかがでしょう。

私たちの仲間に、新潟の「さいかい産業」の古川さんという人がいます。彼は「ペレットストーブ」を作っています。木材カスをぎゅっと圧縮すると、リグニンの作用で固まります。これが木質ペレットです。彼のストーブでは、従来は使い道のなかった木の葉、根、アシ、ヨシ、今は産業廃棄物としてお金を払って燃やしているパーク（木の皮）さえも、全部燃料にできてしまうんです。しかも世界一燃料効率が高くて、室内の空気を汚さず、煙突に防火工事のいらないストーブです。なぜできたのか。普通はものが燃えるときに空気に混ざって燃える、ガス化燃焼をさせます。しかしこのストーブはそれだけでなく、置き火燃焼もさせるからです。さらに徹底的に熱交換させて、排気管から出ていくときにはわずか60度の空気になっています。だから防火工事が不要で、しかも灰は極めて少ないです。ほとんど完全燃焼させているからです。住宅の暖房だけではなく、農業用のハウスにも応用されています。

これなら地域の森にうち捨てられている木材が利用できますね。それは地域産のエネルギーですから、地域からおカネが流出しないし、さらに言えば国内からアラブに流出することもありません。寒い地域なら、それだけでエネルギー自給率が今の4％から、50％以上に上げることができます。しかも、石油などに払っている海外に流れる資金、24兆円が国内で回るようになります。それだけ地域が豊かになります。最近、ペレットを利用する小さな給湯器も開発されました。それが量産化できれば、地域産のエネルギーで熱のすべてを自給可能になりますね。しかもペレットを安く地産地消できるようになれば、ストーブに融資して従来の光熱費で返済してもらうこともできます。２０１０年の冬の始まり、北海道では灯油価格が75円でしたが、その後には90円にまで上がっています。このペレットストーブならペレットが一キロ50円だったとして、灯油70円なら同じランニングコストです。だから2010年の場合はペレットのほうが得ですね。ここに融資すれば、特に寒い地域なら10年かからずに元が取れます。

彼はストーブ技術の天才だったんだと思うんですが、人々がそれぞれの才能を役立ててくれれば、こんな楽しみな社会を実現していくこともできるんです。

5章……………3

不安な今後のエネルギー

石油の奪い合いは戦争のもと

「ピークオイル」って聞いたことありますか？　石油に関する重大な問題です。

石油が問題になるのは、石油がなくなるときではないんです。石油の需要が、生産

石油は「なくなったら大変だ！」ではないんです。生産量がピークを超えて、減り始めることが問題なのです。

量を乗り越えてしまうときに問題が生じます。つまり欲しがっている人たちが増えているのに、生産できる石油が減り始めるとき、石油は問題になるんです。この石油の生産量が世界的に減り始める時点のことを、「ピークオイル」と呼んでいます。

じゃ、車に乗るのをやめよう、電気も使わない生活をしよう、と言われても無理ですね。石油に依存する社会のままでは高くても買わざるを得ないのです。ということは、ピークオイルが来たとき、石油を握っていれば大儲けできますね。石油の流れの中で一番儲かるのは最上流の油田ですから、世界中の油田を握ることが金儲けのカギというわけです。

そこで世界の紛争地と資源の場所を照らし合わせてみると、話ははっきりします。世界の紛争地は、ほぼ5つの地域で起きています。「石油が取れるか、天然ガスが取れるか、パイプラインが通っているか、鉱物資源が豊かか、水が豊かか」の

5つです。「宗教紛争」や「民族紛争」というのは、後から取ってつけた理由ですね。実際には、エネルギーや資源をめぐる金儲けのために戦争が起こっているのです。だから戦争を避けたいのであれば、エネルギーを自然エネルギーに切り替えていくことが最も大きなカギになります。しかも日本政府が出しているグラフによると、石油は41年分、天然ガスは65年分、ウランは85年分しか残っていません（2006年現在）。石炭は150年分ありますが、天然ガスの2倍近い二酸化炭素を発生させるので、地球温暖化で滅びてしまいます。

ヨーロッパやアメリカが自然エネルギーに切り替えようとしているのは簡単な理由です。100年後の未来には、自然エネルギーしか頼れるものがないからです。彼らは「バックキャスティング」という思考方法を採ります。「100年後の未来は自然エネルギーしかないとしたら、50年後にはどこまでいっているべきだろう。10年後はどうなっているべきだろう。今、取るべき施策は何だろう」と、将来からバックして、キャスト＝配役を決めていく発想をしているのです。

日本は技術はあるのに、世界で最も自然エネルギーに消極的な国でした。現状を肯定して、つまらないアイデアやくだらない改善を加えて、そこに未来があると思い込もうとする。さすがB29を竹槍で迎え打つ民族だなと思うわけです。ひとときの自分が気持ちよくなるために、目の前の事実をねじ曲げてしまう。日本の役人や政治家に会う機会があったら、ひと言聞いてみてください。「100年後のエネルギーは何ですか?」と。「自然エネルギーなんて、無理でしょ?」「高くて不安定で役に立たない子どものおもちゃだ」なんて言っている場合ではないんです。

その結果2009年、アメリカとヨーロッパで新たに作られた発電所は、自然エネルギーが最大でした。ヨーロッパでは新設電源の60%が自然エネルギーでした。日本の常識の方が間違っているのです。

5章……………4

地域で自給する豊かな未来

努力・忍耐のいらない未来を

家電製品すべてを省エネ製品に入れ替えた後、今の生活の電気すべてを太陽光発電でまかなうとなると、どれほどの発電装置が必要になるでしょうか。なんと8畳間1つ分強の広さ、2キロワットで足りるんです。8畳間1つ分強の広さがあれば自給可能になります。それがイラク人を100万人以上殺して奪ってくる石油と同じ価値です。命がけでやる原子力発電と同じです。馬鹿げてないですか?

ぼくは将来をこう考えるんです。みなさん、電卓を使うときにコンセントを探さないですよね。これっぽっちの小さなソーラー発電で動くことを知っているからです。将来は家も同じになると思います。家の中を省エネ製品に替えて、8畳間1つ分強の太陽光発電を乗せて暮らせばいい。だけど、その時に必要になるのがバッテ

リーですね。バッテリーがないと昼間に発電したものを夜に使うことができません。バッテリーについても日進月歩です。今では15年以上使えて、入れた電気の9割以上取りだして使えて、マイナス20度でも性能が落ちず、さらにフル充電まで5分しかかからない製品を、日本人が作っているんですよ。

このバッテリーですが、電気自動車のバッテリーにして利用したらどうでしょう。実はクルマは地方の人たちが一番気にする「問題あるライフスタイル」ですが、電気自動車と自然エネルギーのセットにすると、クルマのエネルギーは10分の1以下に下がります。現在のエンジン自動車は、ガソリンを燃やしたエネルギーのたった12％しか使えない、効率が悪い品なんです。ところが電気自動車にすると倍ほど走る。しかしその電気自動車の効率を下げているのが発電所の発電効率なんです。だから二酸化炭素をほとんど出さない自然エネルギーに変えたとしましょう。すると電気自動車のエネルギー効率は、８割を超えるんです。だから将来のクルマは絶対に電気自動車と自然エネルギーになるんです。

これを実現しようとしているのが、海外の「スマートグリッド（賢い送電網）」という仕組みです。日本では大きな会社が邪魔するので、本当にいいものになるかどうかはわかりませんが、アメリカ・ヨーロッパは、そうした未来を実現しようとしています。だから心配しなくていい。「努力・忍耐」でなくても環境に悪くない暮らしは可能ですから。これらをうまく活用していったらどうなるでしょう。私たちの少し先の未来に、自然エネルギーだけで暮らせる未来があるのです。

5章……………5

私たちしか選択できない未来

未来の可能性をどうするか

省エネをすると一番得するのは電気で、続いて車、ガス。そして家計の中で意外

と負担が大きいのが上下水道です。家庭の水の消費は、炊事、洗濯、風呂、トイレの4つでほぼ全部です。風呂の残り湯で洗濯すると20％ダウン。雨水でトイレを流すと24％ダウン。節水コマを入れて節水トイレにして、手洗いより食器洗浄機のほうが水の消費が少ないから洗い物から解放されて、それでも水の消費量は減っていきます。こうしてみると半分以下にするのは、そんなに難しいことではありません。あとは地下水が汚染されていなければ、井戸水でも足ります。

もうひとつ、地域差を応用してみましょう。北海道は冷房がゼロ。沖縄は暖房がゼロ。逆に北海道の暖房はとても大きいですね。北海道の人がペレットストーブに替えて、その購入のために融資して、灯油より安くなったペレット代で返してもらうと、10年ほどで返済終了です。灯油価格にもよりますが、石油の値段は高くなりつつありますから可能な仕組みです。逆に夏場の遮光を考えると、カーテンやブラインドと考えがちです。でもこれらは、部屋の中を暖める装置です。外からの光を受けて熱に変え、部屋の内側の温度を上げていますから。冷やしたかったら、窓の外にヨシズをぶら下げればいいんです。ヨシズを西の窓にぶらさげるだけで、温度は約2℃下がります。でももっといいのは植物＝緑のカーテンです。植物は根っこから吸い込んだ水を、葉っぱから蒸発させるので、天然の自動散水機付きヨシズになるわけです。学校教室に緑のカーテンをしたところ、室温が4℃も下がりました。窓の表面温度が変わってふく射熱が変わり、体感温度は6℃も下がった。こうなると夏場でも学校にエアコンなんかいらなくなるわけです。

これを先ほどの戦争の本当の原因と重ね合わせて考えてみてください。こうして地域でエネルギー自給すれば、もはや戦争して石油を奪ってきても、誰も買いませんね。つまり戦争を抑止する大きな力になるんです。と同時に地球温暖化を防止することもできます。高くて危険な原子力発電に頼る必要もありません。私たちはそうした未来と、これまでの環境破壊的で戦争の絶えない社会の狭間にいるのです。どっちを選択するのか。その選択は、今生きている私たちに託されています。次の世代では間に合いません。私たち以外に選択できる世代の人間はいないのです。私たちがどうするのか。それはあなたや私、それぞれに託されてしまった大きな選択肢なのです。

5章……………6

for the Future..

生活の百姓になる

私たちは、できれば豊かに暮らしていきたいと願う。そのためには資産が必要です。しかし、多くの人は資産を間違って覚えています。たとえば「別荘、車、ヨット」。これを資産だと思っていませんか？　しかし車を持っているとガソリン代、駐車場代、保険代、車検代、どんどんおカネを失っていきます。所有することでおカネを失うものは負債なのです。資産は持っていることでおカネが得られるものなんです。

そう考えてみると、私たちは資産のつもりでずいぶん多くのムダをしています。家賃を部屋の広さで割ってみると、家具のためにたくさんの家賃を払っていることに気づきます。それより私たちは本当の資産を持つべきです。

1つはカネが得られるもの、もう1つ、支出を減らせるものも資産です。省エネ製品に変えて電気料金が安くなるならそれは資産です。自然エネルギーに変えて電気料金がいらなくなる、雨水を利用して水道料金、下水道料金が少なくて済む、長く使える住宅に住んで家賃がいらなくなる等々…。これらはすべて資産なんです。長期的に負担が減らせるものを選んでください。

一方で今、多くの人たちは会社にぶらさがって生きています。これは極めてセキュリティーが低い生き方です。なぜなら会社をクビになると生きられなくなってしまうわけですから。会社に尽くし、会社に依存している状態、これではセキュリティーが低すぎです。

でも別な生き方も可能です。まずは、自分を中心に置きましょう。会社にも勤めていて収入も得ている。それと同時に､休みの日には地域の農家のお手伝いをして、野菜をもらう。これは立派な「資産」です。また同時に地域のＮＰＯに関わっていて、実費分だけ受け取れる。これも「資産」です。儲かるわけではないけれど、生活に必要になる支出を下げられますから。それ以上にぼくが望ましいと思うのは、自分自身の能力を上げる、という「資産」です。例えば、「私はビデオを作れます、写真が撮れます、映画が作れます、音楽ができます、字を書けます、パソコンができます、イラストを描けます」等々。なんでもいいです。自分ができることで、何らかの報酬を得る。別にお金でなくても野菜でもいい。

ぼくはこれを「生活の百姓」と呼んでいます。百姓というのは、百の生業を持っているから、たとえどれかひとつが不作であっても他の作物で暮らせます。多少のことにはびくともしません。とてもセキュリティーが高い生き方です。様々な方法で、様々な収入源を得るような生き方をしてほしいのです。そうすることで、私たちはもっと自由になれる。仮に会社をクビになっても、自殺なんて考えることもない。どこか遠くの国の子どもを飢餓や爆弾でおびやかすこともない、自分の行動に責任を持てる生き方ができるわけです。自分も生きのびることができるし、横軸(空間軸)でも縦軸(時間軸)でも、いろんな命をつなげる生き方だといえます。

全国あちこちで始まった新たな社会づくりの動きにつながり、100年前の人が孫の世代のことを思ってヒノキを植えてくれたように過去と未来がつながる。これまで私たちは、さまざまなつながりを次々切り捨てながら、合理的な生き方をしているつもりになっていました。自分を否定的に捉えるようにしていたことが、つながりを居心地の悪いものにしていたのです。

たとえば農業を語るのに、「先祖から譲られたものだから、オレの代で終わらせるわけにいかないからやっている」と言えば否定的なものになります。「息子にはさせたくない」とか。でも本当に嫌だったら続けられなかったのではないでしょうか。内心では「人々に役立つから」「毎年訪れる作物の実りにじーんとするから」と思っていたりします。そう言えば肯定的になるのに、苦労を気取ってシニカルに表現するものだから、そのうちに自分自身がその言葉にだまされるのです。つながりが問題ではなく、否定的に捉えることが問題の本体だったのだと思います。

5章……………7

時間があるたびにやってしまうこと

一番になるより、一人ひとりに役割を

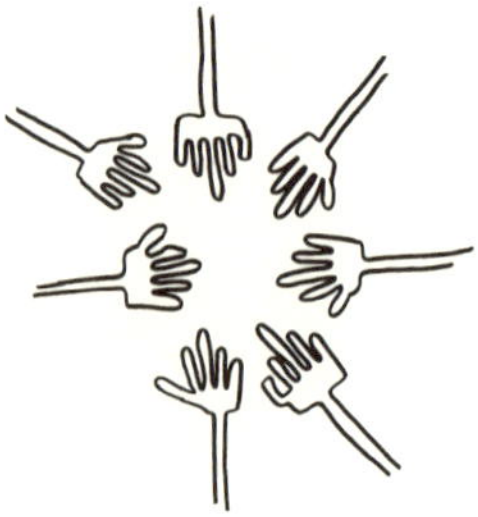

地産地消を実現することは、つながりを実感する一番の近道です。しかも同時に、温暖化防止の意味でも、私たちにできる最大の効果を持つものであることはすでに書きました。経済はグローバル化すべきものではなかったんです。知恵や交流はグローバル化すべきですが、相手の顔が見えないグローバル経済化は同時に無責任化させるからです。「生産現場の苦労がわからないのは想像力が乏しいせいだ」と怒

らないでください。自分が普段食べたり使ったりしているものが、どう作られていたかなんて、そんな簡単にわかるようにはなっていないのですから。

しかしここまで述べてきたように、エネルギーもカネも森林も食べ物も、グローバル化していいことはなかったですね。それどころか地域化したほうがいいことがたくさんありました。しかも生産技術の進展のおかげで、可能になりつつあることもわかりました。さて、そこで私たちがどうするか、です。

よく言われるのが、「そう言われても、私にはやれることがない」、逆に「では私は今日から資格を取れるようにがんばる」という話です。でもちょっと待ってください。まず日本人はみんな、努力や忍耐が大好きですから、「がんばる」と言うと、すぐ「級とか段持ち」を目指します。でも多くの場合、級とか段を目指すのは、実は得意なことではありません。得意なことでないからがんばるんです。それぞれの人には、それぞれの得意なことがある。でも、それは気づきにくいものなんです。最も得意なことは、何の努力もしなくて楽しんでやれていることです。まったく疲れもしないで、時間があるたびに自分で勝手に一生懸命にやってしまうことです。それこそが最も自分に向いているもの、一番の能力なんです。

あるおばあさんが「私は何もできない」とぼくに言ったんですが、「そうですか？たとえば、時間のあるときに、スケッチしたりとかしてませんか？」と聞き返しました。なんと偶然にも、そのおばあさんはスケッチをどこでもしていたんですね。ぼくは暇があれば寝てばかりいますから、特技は昼寝かもしれません。だけどきっとそのおかげで想像力が豊かになって、こんなことを考えられるのかもしれませんね。

だいたい1つのゴール目がけて、全員が競争するから社会をつまらなくするんです。1万人の中で1等賞を競う社会は楽しくない。それより1万人の中で、1万通りのゴールを作ってそれぞれが1位になれる仕組みにした方が楽しい。ぼくはアイデアマンで、新たな仕組みについて考え、実現しています。でも本当は、実現してくれているのは別の人なんです。ぼくはやっていません。

そのとき必要なのは、法律にくわしい人だったり、会計に強い人だったり、たくさんの人を集められる人だったり、楽しませながら進行できる人だったり、ポスターやイラストを作れる人だったり、音楽を作れる人だったり、写真を撮れる人だったりします。みんなでやるからできるんです。だから楽しめるんです。自分の、そして周囲の人の向いているものを見いだして、その役割を生かして、社会を切り替えていく。それが自分を生かすこと、周囲の人と楽しく社会を変えていくことにつながるんだと思います。

5章……………8

おカネの主人になって未来を変える

未来への投資

あるシンポジウムで、隣に座っていた学者の方から質問を受けたことがあります。「あなたは『緑の革命』を批判したが、そのおかげで世界の農作物の生産量は40倍増えた。そのおかげで、人々は職に就けたし、餓えずに済んだのだ。その効果を認めないのか」と。

私は答えました。「認めません。確かに生産量は40倍増えたのかもしれませんが、その土地は10年とたたずに固くなってしまって何も取れなくなりました。十分な排水設備もないまま進めた灌漑《かんがい》は、蒸発とともに土壌中にあった塩分を吸い上げ、塩害によって何も育たない荒れ地にしてしまいました。もともと1しか生産がなかった土地だったかもしれないけれど、過去1万年もの間、農地として受け継がれていました。40倍になったと言ってもわずか10年ももちませんでした。1万と400、どっちが大きいですか？」と。

目の前の数字に惑わされないでほしいんです。確かに一時的に生産量は増えて、豊かに見えるかもしれません。でもそれは続けられることなのでしょうか。今の企業も同じことです。今、目の前の利益のために二酸化炭素をばりばりに出しまくって、未来をダメにしています。ところがそれらの企業を規制しようとすると、「企業をダメにするつもりか、産業の国際競争力を削いで失業者も増える。それでいいのか」と逆に脅してくるのです。しかし、それに従っていたら、私たちの未来は間違いなく絶望的なものになります。

例えば、樹木が成長するのに、杉は50年、ヒノキは100年かかります。だったら50年、100年かけて使わなければなりません。地球上の海や陸の植物などが吸収できる範囲でしか、二酸化炭素は出してはいけないんです。当たり前すぎる理屈です。しかし、今の私たちは、それすらできていません。理由は目先の利益です。でも解決策のあることはお話ししましたね。そしておカネを上手に使えば、将来の支出を減らすことも、将来を安全なものにすることも可能になるのです。

私たちがおカネの主人になればいい。そのためにおカネと未来の可能性をミックスしましょう。おカネは必要ですが、だからおカネの奴隷になったり、おカネに使われたりする必要はないのです。おカネは手段なのですから、使い方次第なのです。

Special

田中優×福島みずほ緊急対談

「原発に頼らない社会へ」

（2011年4月11日）

今回の震災を
日本のターニングポイントに
できるかどうかが
問われていると思うんです。

エネルギー体系を
構造から変えなきゃいけない。
もちろん国策として！

▽**福島みずほ（以下、福島）** 田中優さん、こんにちは。3月11日大震災、そして原発震災が起きて社会は変わらなくちゃならない、政治は変わらなくちゃいけないと思いますが、どう受け止めていらっしゃいますか。

▽**田中優（以下、田中）** 今回のこの悲惨な震災、そしてその後に続いて起こってしまった原発震災、これを社会のターニングポイントに変えていくことが僕はとても重要だと思っていて、こういった原発事故が起こってしまうのをみすみす放置するのか、それともここをターニングポイントに変えることで社会を切りかえていくのか、そこがすごくだいじなポイントだと思います。

その中でここで特に紹介したいのは、まずターニングポイントにすることで、たとえば日本の中で雇用を生み出すということも、そして地域を活性化させるということも実際には可能だということです。というのは、従来は大きな発電所を建ててそこには運転員数人しかいなくて、そして日本中に電気を送るというような仕組みになっていたのですが、これは残念ながらコストが高いくせに雇用される人が極めて少なかった。ところが一方でドイツの例を見てみると、すでに新たに自然エネルギーの産業が生まれて37万人が雇用され、そして炭素税*で企業の負担している年金の半額部分に助成するということをやって、その結果25万人の正規雇用が増えている。合計で62万人ですけれど、人口は日本の3分の2ほどしかないから、日本で言うと93万を超えるほどの雇用者数になる。こういうことが実は、自然エネルギー、各地域の分散型エネルギーをすれば実現可能になっていく。しかもその金額ですが、現在日本が輸入している石油・天然ガス・ウラン・石炭、これらに対して支出している金額は２００８年で23兆円に及んでいます。

それが地域の自然エネルギーに切り替わったとしたら、毎年23兆円を地域の中に流すことができる。そうすると、雇用がないなんてことはもう考えられなくなる。しかも自然エネルギーの場合には雇用者数が多い、にもかかわらずコストが安い、ということが特徴ですから、この社会を思いきり雇用を増やしながら、しかも電気料金を安くしていくことが可能になる。そういう仕組みにしていける一つのターニングポイントにできるかどうかが問われていると思っているのです。

その中で実は大きなポイントになるのが、今回、原子力賠償制度という保険があ

＊炭素税
地球温暖化防止のための環境税の一つ。使用する化石燃料（石油や石炭など）に含まれる炭素の量に応じて税を課す。

ってそれで賠償金が出される予定だったけれども、それをはるかに上回る被害額が出てしまった。そのために国家が立て替え払いをせざるをえないんです。国家が立て替え払いをせざるを得ないのであれば、だったら国家がお金を出す代わりに借金のカタにとりあげるべきものがある、と思っています。その一つが送電線です。電気というのは、発電・送電・配電、その3つに分けることができる。発電と配電はどんな事業者がやってもいいんだけども、このまん中に入る送電線というものは、これは本当は公共財です。車にとっての道路のようなもの、すなわち、道路のあちこちに関所を設けられてしまったとしたら車はもう走ることができない、現状の電気はそういう状況です。いろんな人たちが、例えば、北海道ではたくさんの風車を建てたがっている、ところが送電線を握っている北海道電力はそれを買おうとしない、そのおかげで日本では自然エネルギーが伸びない、という構造になっている。この送電線というものは、本来公がもって自由利用にすべきものです。それをするには、今回大きな借金を背負ったわけですからチャンスになる。つまり政府が金を出す代わりに送電線は公で持ちますよ、ともっていくことができるようになるし、それをやるべきだ。しかも日本の電気供給の1／3を握っている東京電力ですから、1／3をそれで政府が公共財として持つことができるようになったら、後の会社は東京電力の資本と比べたら1／10程度ですから、そういったところからは、のちのちに公共財として今度は買わせて下さいという形で公が持つようにすればいい。そうすれば誰が発電しても買ってもらえる。そして誰でもがそこから人々におろして配電をして売っていくことができる、ヨーロッパ型のエネルギーデモクラシーが実現していくことになる。そのためにとても重要なのが、送電線網を公共財にするという仕組みだと思っています。

あともう一つとりあげてほしいと思うのは、広告宣伝費です。広告宣伝費の中で東京電力は非常に大きな位置にいて、しかも日本には10社の電力会社があり、さらに電気事業連合会があり、さらに政府広報があり、ついでにいうとACの中の非常に重要な位置を占めているのが電力会社になっている。すなわち、メディアにとって一番重要な広告宣伝費の最大の支出をしているのが、トヨタ自動車を抜いて実は電力会社なんです。そのおかげで、電力会社の不都合になる情報がメディアに流れない。しかも日本の場合には、そのメディアが、テレビ・ラジオ・新聞が同じ系列で動くという形になっている。これは諸外国では情報を制限してしまうことになるので禁止されていたりするんですが、日本では、テレビ・ラジオ・新聞が同じ資本でやっていて、そこの最大の広告宣伝費のオーナーになっているのが電力会社、そのおかげでまともな情報が流れないわけです。日本の中でメディアを握ってしまっているのは、はっきり言ってエネルギー産業、しかも電力会社という構図になってしまっている。これを変えていかなければいけないけれども、今回はその一つの大きなチャンスになりうる。例えば、その中で最大の東京電力の推進している広告宣伝費を、政府が立て替え払いしたんだから、その分は返済にまわせ、と言うことは当然の権利です。そういう形で電力会社がメディアを抑えてしまうということを禁止していくことができる、だとしたらメディアが初めて日本で民主的な情報を流せるようになる、そういうことをすべきだと思っているんですね。

▽**福島**　これはやはり国策としてやってきたことで、だから、文部科学省が出している副読本も原発は安全だと、原発は五つの壁があるから大丈夫だとなっていたわ

けで、政府の国策である原子力推進策を変えて、自然エネルギー促進に向かうべきですよね。メディアだけでなくて、国の広報のあり方も全面的に変えていくべきだと思います。

▽**田中**　そしてその政府の出している資金というのも、政府の支出に対するパーセンテージで調べてみると、なんとこの50年間ずっと一貫して同じなんですよ。現時点で言うと約5千億円が毎年出されているわけですけれど、仮に5千億円を現在の価値で調べてみると、それが50年ですから25兆円に及ぶわけです。原子力発電は1基3千億と推進派の方が言っていて、これまでに55基あったわけですから、その55基×3千億円と50年×5千億円とどちらが大きいか、明らかに助成金の方が大きい。つまり、現在までの原発は実は電力会社が作ったわけではなく、人々の税金から作られたものです。それが良くなかったのだから、税金の側から止めて、もうやめていくということを決心すべきだと思います。そのお金の流れ方は非常におかしいと思います。

▽**福島**　そうですね。税金だけでなく、電気料金にも、特別会計、今は一般会計と

言われていますが、実は一般会計もどきで立地などに使われてきましたから、電気料金と税金、これを大きく組み替えて自然エネルギーに使うべきだと思います。国策を変えよう！　と言いたいですね。

▽**田中**　もしそれが可能だとすると、今、世界で最大の投資先と目されているのは、スマート・グリッド、賢い送電網というような仕組みが最大の投資額になっているわけですが、これには5つのものが必要です。一つは省エネ製品、一つはバッテリー、一つはIT技術、もう一つは自然エネルギー、そして最後に電気自動車、この5つが必要なんですが、この5つについて世界で最高の技術を持っているのは、この日本です。この日本が実は一番浮かびあがれる可能性を持っているのに、残念ながら既得権益である電力会社によってこれが伸びない形にさせられてしまっている。これを伸ばしていくことができるとしたら、世界で最も優れた技術を持つ国はこの日本になる。そういう形で政策を転換していけば、雇用も増えるし、非常に大きな未来が開けてくるのに、それを逆方向に進めてしまっていることに問題がある、と強く思うので、本当に福島さんのおっしゃるような政策をぜひとるべきだと思います

ね。

▽**福島**　そして今、計画停電で大変だ大変だとなってますが、計画停電ではなくて無計画停電ですが、これは夏に向かって節電やいろんな省エネや電気料金の体系を見直すことが必要ですよね。

▽**田中**　はい。ですが、これに関してまず人々が誤解しているのは、人々のライフスタイルの問題だと思い込んでしまっていることです。電気消費の3／4は家庭以外で消費しています。しかも電気は貯めることができないので、ピーク電力の消費のときに発電所が足りなくなるから、一番消費の多いところが問題なんです。そのピークは実は毎日は出ません。一年8,760時間ありますが、その中で10時間以下しか出ません。しかも日本最大の東京電力のピークは、これは定式があります。ピークが出ているのは、夏場・平日・日中、午後2時から3時にかけて気温が31度を超えたときです。ですからそのときにだけ、ピークの時に消費の多い事業者に対して料金を高くして制限をしますとか、31度を超える平日はあらかじめわかりますから、いついつの日には計画停電したいのだが御社は協力してもらえるかというよ

うな相談をしていけば、これは事業者にとって突然に需要を落とせと言われて切るよりも、よほど楽に対応できるのです。ですから、東京電力のピークは、まず、夏場・平日・日中、午後2時から3時にかけて気温が31度を超えたときだけしか出ないということをきちんと把握して対処すれば解決できる問題だということができる。

そしてもう一つ、そのピークですが、実は家庭の消費は今言った、夏場・平日・日中、午後2時から3時にかけて気温が31度を超えたとき、このとき家庭は最も消費しない時間帯に当たっています。なんとピーク時の91％の消費が家庭以外の事業者によってのものです。だから、家庭の電気料金など上げても対応はできないんです。家庭はもともとたった9％しかピークには消費していませんから、そこにいくら値段を上げても変わりようがないんです。じゃ、事業者はなぜそのピークにどんどん消費してしまうかというと、実に簡単です。事業者の電気料金は使えば使うほど単価が安くなるようにできている。一方で家庭の電気料金は途中まで安くなるんですけれど、途中からは使えば使うほど高くなるように作られているんです。だから、これは簡単に解決できます。使えば使うほど高くなる電気料金を事業者の電気料金に入れることです。そうすると事業者はただちに3割程度省エネします。

▽**福島**　省エネ製品も売れるからいいですよね。

▽**田中**　ものすごく経済効果も出ますね。今、企業はたった3年でもとがとれる省エネ製品を導入していないんです。なぜならば、導入しても金がかかるだけで結局もとがとれるのに3年かかるわけですよね。使えば使うほど安くなる電気料金のもとでは省エネ製品を入れる意味がないんですね。ところが使えば使うほど高くなるように組まれたら、企業はあっという間に省エネ製品に入れ替えます。そうするとピークの消費は3割くらい下げられるから何の事はない、計画停電なんて何一つなくてもじゅうぶんに解決することが可能だと思います。ですからそういったデータに基づいて仕組みを考えてみると、実は需要と供給を考えて、この需要がありきのうえで供給をふやすには原子力が必要だとついついみな考えがちなんですけれど、需要は減らすことができます。需要を減らした上で考えたなら、実は原子力に頼る必要すらないのです。なぜなら日本の電気消費は実は発電所の稼働率、正しくは負荷率ですが、1年平均で57から60%程度しかありません。ドイツと北欧では70%か

ら80％近くあります。これは何かというと、1年間で平均してヨーロッパの発電所は3／4動いている、でも、日本では半分しか動いてないという、この差なんです。日本がドイツ・北欧並みにしたら、発電所は直ちに25％止めることができます。原子力の設備率は20％ですから1基もなくても困りません。ではどうやったらその負荷率、稼働率をヨーロッパ並みに70％強まであげることができるか。簡単です。上下の激しかった電気消費量の波、夜少なくて昼間大きくて、この激しかった波をなだらかに変えればいいのです。電気はためられないからピークにあわせて発電せざるを得ないのですが、なだらかにするとピークが下がる。なだらかにする方法ですが、フランスは夏場・平日・日中の電気料金を11倍高くしている。そしてイギリスやカリフォルニアでは株式市場でそれぞれの時間帯の電力を売り買いする。一時期は200倍値上がりしたことがあって、200倍高い電気なんか誰が買うかということでみな売り払ってくれたので、ピークの電気消費がぐっと下がりました。アメリカでは電力会社が電気料金を安くしてくれる仕組みがあって、そのときは家の送電線が1本だったものを2本に分けます。そのうちの1本にエアコンをつなぎ、もう1本にそれ以外の全ての電化製品をつなぐ。そして電気消費が増えてきて、このままではピークを迎えて電気が足りない、停電するということになると、電力会社がリモコンで他人の家のエアコンをばちっと消してしまいます。ただし、これは合理主義の国アメリカですから5分しか消しません。5分消されるとどうなるか、僕の友人が実際に営業中の鹿児島の喫茶店でやりました。30分で5分消すそうです。しかもリモコンを使って送風に変えるだけなんですが、それをやったらどうなったか、従業員、お客さん、誰一人気づかなかった。

▽**福島**　そのとき送風になっても温度がある程度冷えてたらわからないですよね。ばっちん、と切るんじゃなくて、みなでリモコンで送風に切り替えればいいわけですね。

▽**田中**　それだけでも効果が出るので、それをやることでピークの消費を、エアコンが一番大きい部分ですからエアコンをカットしてもらうことでピークを乗り越える、発電所を新たに作る必要がなくなったから電力会社は皆さんに電気料金を安くする、という仕組みで対応するんです。これ、今から装置を入れていけば夏場に間

に合うんですよ。それをやりさえすれば簡単にピークなんて下げられるのに、電力会社はピークを伸ばすことで限りなく発電所を作ることに利権を見出していた。それを逆にすべきなんです。需要ありきではなく、需要は下げられます。需要を下げれば、今ほとんどの人が原発は必要悪だと思っている。でも、その必要性はなくすことができるんです。必要性がなくなったときに、原発は「悪」になりますね。だったらやめればいい。そうやって冷静に考えることが重要なので、需要は変えることができる、だから供給側から考えるのではなく、需要を下げる側を先に考えるべきなんです。実は省エネの方が全然コストも安い。家庭の中で太陽光発電を入れるよりも、実は省エネしたほうがずっと安いんですよ。まず省エネを先にして、そのあとに自然エネルギーを入れる、これが順序です。これを進めていくことがとても必要です。そう考えてみると、未来は可能性を作ることができるし、可能性に満ちているんです。その可能性を見出すことができなかったから、みな希望を失ってしまって「必要悪」と呼ばれるようなものにしがみつかざるを得なかった。解決は可能です。ですから、解決できるということを信じながら進めていくことが大事だし、それを具体的に実現していくことが大事です。評論家になるのはやめたほうがいい。学者もほとんどの場合、評論家です。僕が必要だと思うのは活動家なんです。僕自身は活動家のつもりです。ですから僕はまだ学術的に認められていなくたって、それが何といわれようと、希望が作れるものだったらトライしてみる。トライしてだめだったらあきらめましょう。でもそれ以前に我々にはできることがある。そのできることを進めていくことがまず重要だと僕は強く思っています。

▽**福島**　必要悪だった原発が、必要がなければ悪になる、と。現実に東京電力は3月31日までに福島第一7号機8号機の新規建設の申請をしていました。新規建設の原発など要りません。上関も大間も中止そのものをやるべきですし、古いものは廃炉にする、そして危ない浜岡原子力発電所*など、いつ、東海・東南海・南海三連動の地震が起きるかわからないというのは中部電力も認めているんですが、だとしたら地震になってからでは遅い。もう危険な原子力発電所、順番に止めていきましょう。

▽**田中**　今回もうひとつすごく重要なのは、不幸中の幸があったんです。福島第一

＊浜岡原子力発電所
中部電力は2011年5月14日までに、
静岡県御前崎市にある浜岡原子力発電所のすべての原子炉を停止した。

原発は日本の東の端っこにあったんですね。日本は偏西風地帯だから主に西から東に風が吹くんですよ。だからほとんどの放射能は太平洋に流れたんだけど、それで考えてみてください。佐賀県にある玄海原発、島根原発、福井県の若狭湾にずらっと並んでいる原発。あそこで地震が起こったら、日本を縦断して放射能が流れたんですよ。今回の原発が東の端っこだったから太平洋に流れてよかったけど、もしも西側の事故が起こったらどうなるのか。しかももう東海地震が起こることは決まっているのに、そこの震源地の真上に立っている浜岡原発、ここで事故が起こったら東京にそのまま来てしまいますからね。だからもうこういう事態になったんだし、しかも原発の瞬間的な揺れの加速度「ガル」で見てみると、日本の原発の中では浜岡原発が最大の強さですけれど、600ガルまでしか耐えられない。ところが実際には、阪神淡路大震災のとき、820ガルの揺れがあったわけです。820ガルが来たら全部もたないですからね。これはだめです。

▽**福島**　そうなんですよ。保安院は、福島原発の耐震設計には一応OKと言ったんです。浜岡はまだ中途で耐震指針が完了していません。大甘大甘の保安院ですら、

浜岡はGOと言ってないんですね。地震だけでなく、津波対策も堤防がないんですね。小さな砂丘を堤防だといってるけれど、それではだめだと。

今日、田中優さんがおっしゃった、例えば電気料金や自然エネルギーなどの体系を変えていくこと、仕組みは本当に必要で、そういうことを政治の場所でのコンセンサスにしたいと。広告料金など、広告も、今広告やるようなときじゃないでしょうと。仕組みを変えたい。電力会社も、見通しのない、使用済み核燃料やいろんな廃棄物をどうするか、どこも引き受け手がないところで未来がないんですよね。原発などやめたいと思っているのが実は本音なのではないかと思っているんですけれどね。一緒に、そういう意味では、政治と社会とを変えていきましょう。これからもよろしくお願いします。

▽**田中**　僕も福島さんに期待しています。ぜひがんばって下さい。

▽**福島**　有難うございます。

福島みずほ ◎ 1955年宮崎県生まれ。社民党党首。参議院議員。弁護士。人権・平和・男女平等・雇用・脱原発&自然エネルギー促進などのテーマで議員活動をしている。

あとがき

この本は、N新聞社出版部と九州大学芸術工学研究院、佐賀市三瀬村の養鶏農家の有志の方たちが主催した講演会の講演録を元にして作ったものです。自腹を切ってまで主催してくださったことに感謝します。しかしその後に問題が起きました。N新聞社の上層部から出版部の編集者を通じて、第2章「再処理工場は必要なのか？」の項目の佐賀県の玄海原発についての記述を含め、この計4ページを「著者に相談して、なんとかしてもらえないだろうか」と言われたそうです。編集担当者は「8年間、出版部で編集の仕事をしてきて、会社の上層部が印刷前の原稿を入念にチェックしたのは今回が初めて」だったそうです。私としてはここだけが出版社ではないので、承諾しました。最終的には第2章の「再処理工場は必要なのか？」、第3章の「おカネのゆくえ」、「今も戦争を支える私たちの貯金」を全文削除することになりました。それでも出されないよりはいいと考えたためです。

しかし会社の結論は、「他の出版社から出していただくように著者の方に相談をしてほしい」というものでした。会社は「田中さんの活動は理解できるし、否定するものは何もない。ただ、新聞社としては少し荷が重すぎる」という結論です。新聞社が出す本には限界があるとのことでした。

「メディア業界は大スポンサーである電力会社などを気にして、本当のことは報道しない」とよく言われます。しかし追ってみると「都市伝説」のようなもので、実態のない噂が多いものです。しかし違いました。まさか自分の著書で経験するとは思いませんでした。新聞社はスポンサーを気にして〝検閲〟をし、正当な報道はしないところだったのです。

私たちの不幸は、会社などに所属して努力することが、将来の滅亡や遠くに住む人たちの不幸につながってしまっていることだとぼくは思います。そのため、多くの特に若い人たちが未来に希望を見出せずにいることです。可能性が見えなければ、誰も身動きできません。それと関連しているのではないかと思っているのですが、今や若い世代の人たちだけが突出して、「非合理的な存在や力を信じる」（NHK放送文化研究所調べ「現代日本人の意識構造第7版」）ようになっていることです。

若い人たちの乏しい経験では、おカネは稼げても、まったく新たな可能性を見出すことは難しいのかもしれません。だからこそ、大人たちこそが聞き飽きた社会常識を語るのではなく、新たな可能性を語れるようになるべきです。

具体的に可能性が見えてきたときに初めて、人は動けるようになるのだと思います。その可能性を提示することこそ、先に生きている人のすべきことではないかと思うのです。

往々にして教養のある人は、他人の足を引っ張ることばかりします。教養というものが、創造とつながっていないからです。揚げ足とりは誰にでも簡単にできます。しかし「創る」ことは簡単ではないのです。この本に書いたとおり、新たなアイデアはほとんど地域の現場にありました。地域にこそ知恵があるのだと思います。知識は学歴で作れますが、知恵だけはどうにもなりません。それに気づくとき、自然に習いながら地域に暮らす人たちに畏敬の念を抱くのです。本当に「地宝論」だと思います。

可能なら私は「社会を創る」側の一人でいたい。そしてどんな人にも、その人の持っている表現方法を大事にしてほしいと思います。ぼくの親しいミュージシャンの「FUNKIST」というバンドが、とてもすてきな歌を作ってくれました。彼らは音楽家ですから、難しい話は得意ではないし、好きでもないと思います。だからダメではないのです。その彼らがすばらしい曲を作ってくれたおかげで、私たちは被害者の立場にいる人たちの気持ちをリアルに感じることができるのですから。それはとても大きな力なのです。

私たち一人ひとりが小さな力になれるように。最後に聞いてください。

「こどもたちのそら」

どんな爆弾にだって
できないことがある
　君をやさしく笑わせること
どんな爆弾にだって
できないことがある
　君と僕の間を引き裂くこと
君にしかできないことがある
　僕をやさしく笑わせること
僕にしかできないことがある
　君をずっと思い続けること
聞こえる？
君が笑うと嬉しくなる
　君が泣いていたらさみしくなる
だから僕は大きな声で
　君に届くように歌をうたおう
同じ太陽に照らされて
　同じ月を見上げて
僕らは分け合っているんだ
この朝と夜
空のきれいさ　世界中の約束

FUNKIST『こどもたちのそら』から抜粋

たなか・ゆう◎１９５７年東京都生まれ。環境、経済、平和などのさまざまなＮＧＯ活動に関わる。現在「未来バンク事業組合」理事長、「日本国際ボランティアセンター」「足温ネット」理事、「ap bank」監事、「中間法人天然住宅」共同代表、「天然住宅バンク」代表。著書（共著含む）に『地球温暖化／人類滅亡のシナリオは回避できるか』（扶桑社新書）、『おカネで世界を変える30の方法』（合同出版）、『環境教育　善意の落とし穴』（大月書店）、『天然住宅から社会を変える30の方法』（合同出版）、『原発に頼らない社会へ』（武田ランダムハウスジャパン）、『幸せを届けるボランティア　不幸を招くボランティア』（河出書房新社）ほか多数。

地宝論

地球を救う地域の知恵

２０１１年６月１１日　第１刷発行
２０１２年２月１４日　第２刷発行

著　者　田中　優
発行人　奥川　隆
発行所　子どもの未来社
東京都千代田区富士見２・３・２　福山ビル２０２
郵便番号　１０２・００７１
電話　０３・３５１１・７４３３
ＦＡＸ　０３・３５１１・７４３４

印刷・製本　シナノ印刷

定価はカバーに表示してあります。
落丁本・乱丁本は送料小社負担でお取り替えいたします。小社宛てにお送りください。

http://www.ab.auone-net.jp/~co-mirai/
ISBN978-4-86412-033-3 C0036